Claus Teslau | Oliver Dörpinghaus

HAND ans PFERD

Massage, Wellnessanwendungen
und manuelle Techniken

Müller Rüschlikon

Impressum

Einbandgestaltung: R 2 I Ravenstein, Verden
Titelbild und Fotos auf der Umschlagrückseite: Herma Teslau

Bildnachweis:
Martina Berg – stock.adobe.com: S. 28 oben. **Astrid Brillen:** S. 23, 24 li unten. **Stephanie Desch:** S. 73. **Kerstin Diacont:** S. 5, 17, 28 unten, 32, 74 unten, 84, 94, 99, 100, 103 unten, 123, 124. **Archiv Diacont:** Daniela Bach S. 95, 96 li · Heidrun Süßmuth S. 96 re · Miriam Stickler S. 97 li, Florian Kuppke S. 97 re, 113 · Julia Jung S. 98 · Michaela Michel S. 103 oben. **DRAWaDREAM/Shutterstock.com**: S. 14. **Everett Collection/Shutterstock.com**: S. 9 oben. **VERLAG Christa Klickermann**: S. 125, 126, 127, 128. **Klaus Knipping**: S. 66. **Tania Konnerth**: S. 105-107. **Christoph Möllers**: S. 75 re. oben. **Europäische Penzel Akademie**: S. 153, 154 li. **Jeanne Peter & Prof. Dr. med. vet. Hans Geyer**: S. 13, 25. **pfluegler photo – stock.adobe.com**: S. 31. **privat**: S. 152 li. **Julia Rau**: S. 71. **Nadine Rusinek**: S. 91-93. **Dr. Jürgen Schwarzl (†)**: S. 156 li. **Nicole Stamm und Janine Stegemann**: S. 138-151. **strannik72/Shutterstock.com**: S. 8. **Herma Teslau**: S. 7,10 li unten, 16 li. unten, 26, 30, 39-65, 68, 74 oben, 75 unten, 76, 79-83, 86-90, 101, 102, 108, 109, 116,117, 118, 120, 121,128 li., 129, 130, 131, 134, 135, 136 li., 152, 157. **whitesession/pixabay.com**: S. 27. **Werkfoto Firma Thumper**: S. 67.

ISBN 978-3-275-02194-9

Postfach 103743, 70032 Stuttgart
Ein Unternehmen der Paul Pietsch Verlage GmbH & Co. KG

1. Auflage 2020

Sie finden uns im Internet unter www.mueller-rueschlikon-verlag.de

Lektorat: Claudia König, Kerstin Diacont
Innengestaltung: Kerstin Diacont, www.diacontdesign.de
Druck und Bindung: Graspo CZ, 76302 Zlin
Printed in Czech Republic

»Du eignest Dir Fähigkeiten
und eine Leidenschaft an,
die von den Vorfahren stammen.
Du erlernst die Fähigkeiten von den Älteren
und machst Dir deren Leidenschaft zu eigen.
Erst wirst Du gut, dann meisterlich,
dann großzügig in Deinem Können.
Dann sorgst Du klug und liebevoll für Deine Tiere.
Du reichst diese Gabe
an die eigenen Verwandten weiter.
Du machst Deine Familie stolz
und hältst sie zusammen.«

Indianer – Volk der Pferde (aus National Geographic, Heft 6, 2014)

Einführung

Dieser Leitfaden soll dazu beitragen, jedem Pferdefreund Möglichkeiten aufzuzeigen, seinem Pferd etwas Gutes zu tun, seine Beweglichkeit zu erhalten oder zu verbessern und letztlich dadurch seine Lebensqualität zu erhöhen.
Die in diesem Ratgeber dargestellten Methoden sollen und können kein Ersatz für fachlich notwendige Untersuchungen und Behandlungen sein. Sie ersetzen in keinem Fall den Tierarzt oder einen anderen Therapeuten.

Sie werden vielleicht bislang nicht viel von der Idee gehalten haben, ein Pferd zu massieren und sich fragen, ob man bei einem rund 600 kg schweren Pferd mit seinen Händen und seiner geringen Kraft überhaupt etwas ausrichten kann. Ja, man kann, denn Kraft spielt keine Rolle.

In einem Beitrag einer englischen Organisation im Bereich Galoppsport und dem Einsatz der Peitsche im Rennen wurde Folgendes festgehalten:
Die Pferdehaut hat im Vergleich zur Epidermis des Menschen weitaus mehr Rezeptoren, die auf jedwede Art von Berührung reagieren. Sie ist an einigen Stellen dünner, aber dafür an anderen Stellen dicker als die menschliche Haut. Eine wichtige Erkenntnis für den Galoppsport, denn der Gerteneinsatz gibt immer wieder Anlass für Diskussionen zwischen Tierschützern und Rennsportverantwortlichen.

Nehmen wir ein Beispiel, das jeder Pferdebesitzer kennt: Eine einzelne Fliege landet auf dem Pferderücken. Wie reagiert das Pferd? Es setzt alles daran, sie zu verscheuchen, zuckt mit der Haut, schlägt mit dem Schweif oder schnappt nach dem Insekt, das nicht mehr als 1/8 Gramm wiegt. Im Gegensatz zum Pferd spürt ein Mensch eine Fliege auf seiner Haut meist nicht einmal. Anhand dieses kleinen Beispiels wird klar, dass eine sanfte Berührung mit der Hand eine Menge bewirken kann. Beim Menschen gilt die Massage als eine der ältesten Heilmethoden. Welche Möglichkeiten sie beim Pferd bietet und was man mit Berührungen erreichen kann, darauf gehen wir in diesem Buch ausführlich ein. Es gilt als erwiesen, dass eine richtig angewandte Massage bei Pferden zu erheblichen physischen wie psychischen Verbesserungen führt. Diese Tatsache ist noch nicht bei allen Pferdeleuten angekommen und die Vielzahl an Möglichkeiten wenig bekannt. Wir wünschen uns, dass dieses Buch dazu beiträgt, diese Wissenslücke zu schließen.

Der sichtbare Beweis

Im Verlauf dieses Buches wird gezeigt, wie mit Hilfe der Thermografie die Wirkung einer Massage und ihrer Techniken sichtbar gemacht werden kann. Die Wärmebilder zeigen, wie lange die verbesserte Durchblutung und damit erhöhte Sauerstoffversorgung in den massierten Gebieten anhält.

Der ganzheitliche Aspekt

Die ganzheitliche Betrachtung spielt heute bei allen medizinischen Behandlungen eine große Rolle. Gerne wird die Massage deshalb als eine Maßnahme neben anderen eingesetzt.

Neben den in diesem Buch aufgeführten Massagetechniken gibt es noch viele weitere, vor allem aus dem Humanbereich bekannte Techniken, überwiegend mit historischem Ursprung, wie beispielsweise die traditionelle Thai-Massage (TTM), die ayurvedische oder die Shiatsu-Massage.

Zu erwähnen ist außerdem – weil so erfolgreich – die von der kanadischen Tiertrainerin Linda Tellington-Jones vor gut vier Jahrzehnten entwickelte TTouch® Methode. Dabei wird der Pferdekörper mit sanften und achtsamen Berührungen bearbeitet, mit oft erstaunlichen Ergebnissen. Die TTouch® Methode wird eingesetzt zur Förderung der Gesundheit, um Schmerzen zu lindern und das Wohlbefinden zu steigern.

Wir haben uns zunächst auf die gebräuchlichsten und am Pferd einfach einzusetzenden Techniken konzentriert, damit jeder Pferdebesitzer, Reiter, Fahrer usw. sein Tier selber erfolgreich massieren kann.

Außerdem zeigen wir einige Griffe und Methoden, die jeder bei einer entsprechenden Einführung bei seinem Pferd nutzen kann.

Dem Thema Wellnessanwendungen haben wir einen besonderen Teil dieses Buches gewidmet. Dabei ist immer davon auszugehen, dass die Grenzen zwischen den einzelnen Massagetechniken und den Wellnessanwendungen ohnehin als fließend anzusehen sind.

Pferdemassage in früheren Zeiten

Die Geschichte der Pferdemassage reicht geschichtlich weit zurück, ist allerdings, zumindest in deutscher Sprache, sehr spärlich beschrieben. Lassen Sie uns einen kurzen Ausflug in die Historie unternehmen.

Im Jahre 1874 endete die Ära der Comanchen, einem der bekanntesten Indianerstämme Nordamerikas durch das systematische Erschießen ihrer Pferde durch die Weißen. Das Pferd, welches von den Indianern um 1519 von den Konquistadoren unter Hernán Cortés nach anfänglichen Ängsten (man hatte ein solches Tier vorher noch nie gesehen) übernommen wurde, diente ihnen zur territorialen Ausdehnung, als Lastentier, als Nahrungs- und Zahlungsmittel. Da das Eliminieren der Indianer zeitaufwendig war und unnötig Munition kostete, nahm man ihnen das Wichtigste: ihre Pferde. (Aus WIKIWAND)

Da Indianer eine ganz besondere Bindung zu ihren Pferden hatten, kann man davon ausgehen, dass sie ihre Tiere schon damals mit Präriegras abgerieben haben, um sie zu trocknen oder zu wärmen.

Die Konquistadoren unter Hernán Cortés brachten das Pferd nach Amerika. Die Indianer übernahmen es und bildeten eine besondere Beziehung zu diesen Tieren aus.

Das Trockenreiben des Pferdes mit Strohwischen ist eine uralte Form der Massage.

Wolfram von Eschenbach und sein Knappe.

Dies darf man durchaus als erste Form der Massage werten, da die Blutzirkulation, wenn auch unbewusst, angeregt wurde. Abschwitzdecken und Solarien waren damals noch nicht in die Geldmaschinerie des Pferdemanagements integriert.

Im Mittelalter fiel den **Knappen**, neben den vielen anderen Aufgaben bei der Ausbildung zum Ritter, unter anderem auch die Pflege der Pferde zu. Auch diese haben die Schlachtrösser oder Zelter (leichtes Reitpferd oder Maultier für Frauen, Fürsten und Klerus, welches den »Zeltgang« nutzt, einen Pass oder Tölt, der als bequem galt) unter anderem mit Stroh abgerieben, auch um sie für bevorstehende Aufgaben zu entspannen.

Sicher ist, dass insbesondere beim **Militär** Pferde durch intensives Abreiben aufgewärmt wurden, damit sie sich in der kriegerischen Auseinandersetzung leicht und schnell bewegen konnten. Im Bereich des Militärs sind im 19. Jahrhundert die ersten Schriften zu diesem Thema erschienen. Zu erwähnen ist hierbei die Anleitung zum Unterricht der Fahnenschmiede mit dem Titel »Pflege verletzter und lahmer Pferde, Massage, Hilfeleistung bei Kolik«, die sich in mehreren Auflagen mit der Gesundung der Militärpferde beschäftigt. Allerdings wird das Thema Massage in sämtlichen Auflagen nur auf den letzten beiden Seiten angesprochen. Es wird in der Jahrhundertwende vom 19. zum 20. Jahrhundert schon von den heute immer noch gängigen Techniken wie Klopfungen, Streichungen, Drückungen und Knetungen berichtet.

Besonders hervorzuheben sind die Schriften von **Oberst Peter Hartmuth Spohr** (1828–1921) aus der preußischen Armee, dessen Hauptinteresse den Pferden sowie den naturheilkundlichen Behandlungsmethoden seiner Zeit galt. In seinem Buch »Die Bein- & Hufleiden der Pferde«, in mehreren Auflagen erschienen, ist wunderbar nachzulesen, wie sich die Sichtweise und auch die Technik im Laufe der Zeit verändert hat. Erstes Mittel der Wahl war, wie Anfangs erwähnt, das Abreiben mit Stroh.

Peter Hartmuth Spohr im Alter von 84 Jahren.

Spohr nahm als Artillerieoffizier der Preußischen Armee 1870/71 am Krieg gegen Frankreich teil und wurde mit dem Eisernen Kreuz II. Klasse ausgezeichnet. Zuletzt war er Oberstleutnant und fungierte als Kommandeur des Fußartillerie-Regiments Nr. 15, bis er am 24. März 1881 mit der gesetzlichen Pension zur Disposition gestellt wurde. Am 19. September 1891 erhielt er noch den Charakter als Oberst.

Er ist als einer der Begründer der Naturheilkunde in der Veterinärmedizin zu sehen. Sein Hauptwerk ist zweifellos »Die Logik in der Reitkunst«, eine vierbändige Reitlehre und detaillierte Analyse der Zusammenhänge zwischen Hilfengebung bzw. der Ausbildung und den anatomischen Verhältnissen und Bewegungsabläufen von Pferden, die ein zuvor unbekanntes Niveau erreichte. (aus Wikipedia)
Wird in den ersten Auflagen (1883) noch darüber berichtet, dass die Massage immer von oben nach unten zu erfolgen hat, ändert sich die Technik im Laufe der Jahre. In der 8. Auflage (1910) wird gesagt, dass die Massage entweder in Richtung Herz oder aber umgekehrt zu erfolgen hat, gegebenenfalls auch eine Kombination aus beidem. Auch hier kommen die Techniken der Klopfungen, Streichungen und Drückungen zur Sprache. Spohr war außerdem der Meinung, dass, wenn mehrere Personen zur Verfügung stünden (bis zu 4), diese gleichzeitig an den unterschiedlichsten Stellen die Massage durchführen sollten, unabhängig der ungleichen Druckstärke. Wobei der Kraftaufwand ob des harten Lebens zur damaligen Zeit sicherlich ein anderer war als heute. Spohr verweist gerne auf die Tatsache, dass die damaligen Pferdewärter jedoch nicht unbedingt die Massage als Therapieform verwendet haben, da diese doch eine kraftraubende und schweißtreibende Angelegenheit war.

Ebenso interessant ist ein Absatz aus dem hier vorgestellten Werk von **G. Schreiber**, erschienen 1971 im Neff Verlag, Wien und Berlin.

Auf der Seite 210 wird in der Rubrik Stalldienst der Sommerdienstplan des Grafen Wrangel (aus den Vorschriften verschiedener Armeen im ausgehenden 19. Jahrhundert) unter anderem der Tagesablauf eines Pferdepflegers folgendermaßen beschrieben:

4.30 Uhr etwas Heu, dann tränken
5.00 Uhr ein Drittel der Haferration
6.00 Uhr Putzen
12.30 Uhr nach der Heimkehr vom Exerzieren abreiben
13.00 Uhr zweites Drittel der Haferration
15.00 Uhr zweites Putzen
16.00 Uhr etwas Heu
17.00 Uhr Tränken
18.00 Uhr letztes Drittel der Haferration
20.00 Uhr den Rest des Heus und Strohes

Auch hier begegnet uns wieder das Abreiben nach der Arbeit. An dieser Stelle aber entgegen den bisherigen Angaben nach der Arbeit. Es diente demnach dazu, dass sich die Muskulatur des Pferdes wieder entspannen konnte.

Natürlich kann ein solches Vorgehen nicht eins zu eins in die heutige Zeit übertragen werden. Alleine die Tatsache, dass Raufutter konsequent vor dem Tränken gegeben wurde, spiegelt den Kenntnisstand zum Thema Fütterung der damaligen Zeit.
Die Verteilung der Futterration über den ganzen Tag wird dem Pferdemagen gerecht und beweist bereits profundes Wissen über die Bedürfnisse eines Pferdes.

Zusammenfassung

Man kann nach den Recherchen davon ausgehen, dass es keine Erfindung der Neuzeit ist, sein Pferd zu massieren. Auch wenn das in den einzelnen Abschnitten der geschichtlichen Stationen nicht namentlich erwähnt wird ist anzunehmen, dass eine Methode wie das Abreiben einen massierenden Effekt hatte.

Wir massieren unser Pferd häufig unbewusst, beispielsweise wenn wir es mit einer festeren Bürste reinigen oder wenn es nass ist und wir es mit Stroh trockenreiben. Das ist vielleicht etwas aus der Mode gekommen, aber sicher gut fürs Pferd. Von einer durchblutungfördernden Wirkung ist auszugehen.

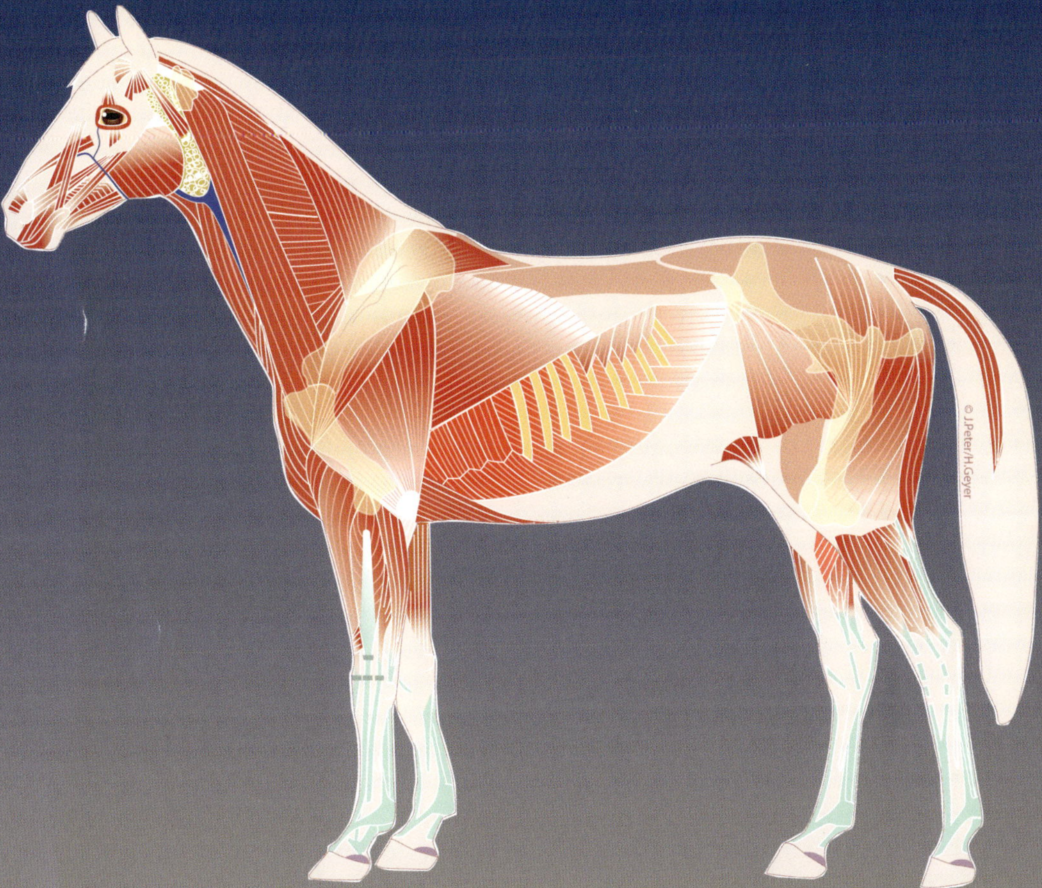

Ganz ohne Theorie geht es nicht

Um zu wissen, an welchen Stellen und mit welchen Techniken Sie Ihr Pferd massieren können und wo es besonders effektiv ist, ist etwas anatomisches Hintergrundwissen sinnvoll. Aber keine Angst, Sie sollen hier nicht zum Therapeuten ausgebildet werden.

Die Grundlagen

Beim Pferd sind etwa 250 paarig angelegte Muskeln bekannt, hinzu kommen noch einige unpaarige Muskeln.

Die Muskeln arbeiten als Beuger, Strecker, Spanner, Schließer, Dreher und auch als Ein- oder Auswärtszieher. Muskelarbeit bedeutet immer Kontraktion (Zusammenziehen).

Muskeln bestehen aus dem Muskelbauch und den sich jeweils aus dem Muskelbauch zu beiden Seiten entwickelnden Ansatz- und Ursprungssehnen. Über diese Sehnen ist die Muskulatur mit dem Knochen verbunden.

Merke

Es gibt keinen Muskel der drückt.

Viele Knochen haben wiederum gelenkige Verbindungen. Zieht sich also ein Muskel zusammen, entsteht Zug auf die Sehnen und somit auch auf die Gelenke. So entsteht Bewegung.

Schon jetzt dürfte jedem klar werden, dass durch verspannte Muskulatur ständig Zug auf die beteiligten Sehnen besteht, denn verspannte Muskeln sind immer auch verkürzte Muskeln.

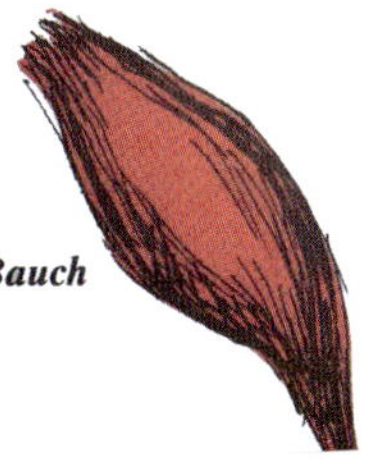

Merke

Nur ein vollständig entspannter Muskel kann auch wieder entsprechend anspannen und seine Arbeit verrichten.

A
»
G

Ir
vo
m
»Z
Ei
de
ste
ein
des
die
hab
bis
Mus
Bela

Spät
ein P
wird

Wie gesagt kann ein Pferd mit dauerhaft verspannter Muskulatur keine optimale Leistung erbringen. Wenn dann nicht mit geeigneten Maßnahmen und Techniken

rhandene Verspannungen
e sich weiter aus, und es

den nicht mehr gemacht,
en. Bewegungseinschrän-
i Pferden oft eine Selbst-
smus, um erst einmal
Das Problem vergrößert
partien übernehmen die
Bereichs und reagieren
ntwickeln im Laufe der
das zunächst nicht be-
äußern sich dann später
e sich der tierärztlichen
n Röntgenbild oder im
ind.

hrt, die neben etlichen
en können.

digkeit des passenden
ngewiesen. Wenn der
icht dem Körper des
r davon auszugehen,
eln. Dabei ist auch zu
on Training und, dar-
aus folgend, auch vor allem von Muskelaufbau die Passform des Sattels an die jeweilige sich ändernde Situation angepasst werden sollte. Noch mehr sollte den jungen Pferden und deren Sätteln Beachtung geschenkt werden.

Sicher kann man nicht jedes Jahr für sein Pferd einen neuen oder anderen Sattel kaufen. Es sind aber zum Beispiel Satteldecken erhältlich, die sich durch entsprechend einschiebbare Polster/Keile oder Ähnliches so verändern lassen, dass der Sattel wieder gut sitzt.

Der Reiter

Es ist immer schwierig, sich selber zu kontrollieren und seine eigenen reiterlichen Fähigkeiten objektiv einzuschätzen. Leider sieht man in allen Sparten des Pferdesports Reiter, die nur eine ungenügende Balance zeigen und/oder sich schlecht auf die Bewegungen des Pferdes einstellen können, sowie intensives Reiten (Turniere, Jagden etc.) ohne entsprechendes vorbereitendes Training. Dies sind weitere mögliche Ursachen für muskuläre Verspannungen. Auch der Einfluss des Reitergewichtes auf die Muskulatur und danach folgend auf die Gelenke wird selten ausreichend beachtet. Leider gibt es immer wieder Bilder von schwergewichtigen Reitern/innen auf Pferden, denen dann das Attribut »Gewichtsträger« zugesprochen wird. Auch dabei kann man selten objektive Urteile bemerken.

Merke
Längst nicht alle schweren Pferde sind gleichzeitig auch Gewichtsträger.

Stress allgemein, psychischer Stress

Besonders in der warmen/heißen Jahreszeit werden unsere Pferde sehr oft von Fliegen und anderen Insekten regelrecht gequält. Wenn dann noch große Anforderungen an ihre Leistung gestellt werden, setzt man sie unter Stress.

Dies wird von vielen Pferdeleuten häufig unterschätzt. Besonders psychischer Stress führt mit Sicherheit zu Muskelproblemen. Dazu gehören unter anderem unangenehme Boxennachbarn, Transporte oder auch die Turnierteilnahme am Wochenende.

Auch Langeweile kann für Pferde unerträglich sein. Sie beginnen zu koppen oder zu weben oder gewöhnen sich sonstige Unarten an, die ihre Besitzer häufig ratlos werden lässt.

Selbst wenn der Trainingszustand Ihres Pferdes gut ist, gibt es genug andere Gründe für Verspannungen. Alleine die Zunahme von Magenproblemen könnte ein deutlicher Hinweis auf die hier beschriebenen Ursachen sein. In allen Sparten des Pferdesports sind muskuläre Verspannungen in unterschiedlichster Ausprägung festzustellen.

Das ist selbst bei vorbildlicher Haltung so. Sie haben ja gesehen, wie viele mögliche Quellen es dafür gibt, und das sind bei weitem noch nicht alle. Die Verspannungen unterscheiden sich dann eben in ihrem Ausmaß. Es sind irgendwann hoffentlich nur noch kleine Auffälligkeiten, die Sie mit Ihren Händen ertasten und möglicherweise auflösen können.

Hier bietet sich Massage an, denn mit einer ebensolchen, fachgerecht ausgeführt, können wir diesen Teufelskreis durchbrechen. Mit ihr regen wir die Durchblutung wieder an und unterstützen damit den Sauerstofftransport. Durch die Massage betreiben wir eine ideale Vorbeugung von Energiemangelzuständen. Ebenso sorgt eine regelmäßige Massage dafür, dass sich erreichte Trainingserfolge festigen und erhalten lassen. Man kann sogar erwarten, dass das Immunsystem gestärkt wird.

Zum besseren Verständnis:
Mit Verspannung ist meist nur ein Teil (Muskelfaser/n) des jeweiligen Muskels gemeint. Beim Muskelkrampf dagegen ist immer davon auszugehen, dass der ganze Muskel betroffen ist.

Muskelarbeit und Verspannung

Muskelverspannung, wie entsteht so etwas?

Vorweg
Muskelprobleme entstehen in erster Linie durch ein Missverhältnis zwischen Belastung und Belastbarkeit.

Muskeln bestehen aus vielen Muskelzellen (Muskelbündeln), die sich je nach Rasse, Typ und Zuchtzielen unterscheiden.

Um Bewegung zu ermöglichen, müssen sich die Muskelzellen zusammenziehen, wieder entspannen und dehnen können. Die Muskulatur ist wie bei uns Menschen ausgezeichnet durchblutet. Das ist mit ein Grund, warum Muskelverletzungen meist sehr gut und schnell heilen. Das Blut transportiert Sauerstoff und Nährstoffe in die Zellen. Anfallende Abfallprodukte werden mit dem Blut abtransportiert.

Dies alles und etliche andere Merkmale werden dem Stoffwechsel zugeordnet. Um den Stoffwechsel zu beeinflussen und vor allem zu aktivieren nutzen wir die verschiedenen Massagetechniken. So gelangt mehr Sauerstoff in die Muskeln und sie können besser arbeiten.

Wenn zu wenig Blut, das heißt Sauerstoff, in die Muskelzellen transportiert wird, kommt es zu einem Sauerstoffmangel. Dieser Sauerstoffmangel äußert sich als Verspannung bis hin zum Muskelkrampf.

Wie läuft so etwas ab?

Wenn wir uns einmal ansehen, wie das Nachrichtensystem im Körper funktioniert, ist Folgendes festzustellen. Findet ein Reiz der Sinne (Hören, Sehen, Riechen, Tasten) statt, wird über das Rückenmark und die dortigen Schaltstellen eine entsprechende Nachricht an das Gehirn weitergeleitet.

Was dann zu passieren hat, wird in der Steuerung, nämlich dem Gehirn, entschieden. Welche Strukturen insbesondere wie zu reagieren haben, wird mittels Impulsen über das Rückenmark festgelegt.

Bei einem Fluchttier sind zuerst immer alle Entscheidungen des Gehirns auf Flucht ausgerichtet.

Wie sieht so ein Reiz-Reaktionsmuster aus? Natürlich ist bekannt, dass nur ein einziger Reiz isoliert fast niemals vorkommt. Es erscheint aber wichtig, diesen Ablauf zu verstehen, um dann später besser entscheiden zu können, was Sie tun sollen.

Reiz

Nehmen wir das Beispiel »Impuls durch Berührung«. Dieser Impuls läuft über die Schaltstellen im Rückenmark zum Gehirn. Es werden Systeme bereitgestellt, um den Reiz zu beantworten. Unter anderem sind es Flucht, Kampf, höchste Anspannung oder auch Entspannung (es kommt auf den Reiz an). Weiterhin werden entsprechende Befehle an den Organismus gesendet.

Bleiben wir bei unserem Beispiel der Muskelzelle. Die betroffenen Muskeln haben nun stärker zu arbeiten, mehr Blut zu transportieren und den Stoffwechsel zu optimieren. Dabei wird erheblich mehr Sauerstoff verbraucht. Abhängig vom Trainingszustand (siehe Tabelle nächste Seite oben) kann der Muskel sich nach der Kontraktion entspannen oder verspannt.

Ein konkretes Beispiel: Stellen Sie sich vor, Sie wollen im Tempo zulegen oder eine höhere Gangart einschlagen. Wie zeigen Sie das Ihrem Pferd?

Nehmen wir an, dass Sie die treibenden Hilfen Ihrer Unterschenkel verstärken möchten. Das tun Sie mit einem gewissen Druck, auf den das Pferd reagieren soll. Dieser Druck wird von den Nerven in der Haut und in

Wenn der Trainingszustand gut ist,
wird Sauerstoff nachgeliefert.
Der Muskel zieht sich zusammen.
Nach der Anspannung folgt Entspannung.

Wenn der Trainingszustand nicht gut ist,
entsteht Sauerstoffmangel.
Der Muskel zieht sich nicht zusammen.
Der Muskel verspannt sich.

Dieses alles erfolgt in einer für uns kaum vorstellbaren Geschwindigkeit.

den Muskeln wahrgenommen und an die Zentrale, das Gehirn, weitergeleitet. Das Gehirn verarbeitet die Information und sendet seine Befehle aus.

Dies gilt natürlich nur, wenn dem Pferd im Laufe seiner Ausbildung vermittelt wurde, wie es auf welche Signale zu reagieren hat. Nun erhalten das Atmungssystem, das Kreislaufsystem und das Wärmeregulierungssystem die Botschaft, sich auf mehr Leistung einzustellen. Auch an die Muskeln kommt die Anweisung, stärker zu arbeiten, das heißt, sich schneller und stärker zusammenzuziehen, um die Bewegung zu intensivieren.

In den Muskelzellen findet dann ein komplizierter chemischer Prozess statt. Glukose wird zu CO^2 und H^2O verbrannt und die Eiweißfäden in der Zelle verkürzen sich. Deshalb ziehen sich die Muskelzellen zusammen. Dazu brauchen sie genügend Sauerstoff, der vom Blut nachgeliefert werden muss. Wenn nicht genug Sauerstoff vorhanden ist, wird keine entsprechende Reaktion zu erwarten sein. Es bildet sich Laktat (ein Salz der Milchsäure). Dieses als Stoffwechsel-Schlacken bezeichnete Laktat ist vom Organismus schwer zu entsorgen. Sofern dieser Entsorgungsvorgang nicht ausreichend erbracht wird, kann Muskelverspannung entstehen.

Insbesondere bei einem untrainierten Pferd mit dem beschriebenen muskulären Zustand bildet sich nicht nur Laktat, sondern es kommt auch zu feinsten Muskelfaserrissen.

Wenn der Trainingszustand eines Muskels aber gut ist, findet die Entspannungsphase nach der Kontraktion ganz automatisch statt. Ist der Trainingszustand aber nicht ausreichend, dann bleiben die Muskelzellen länger in Kontraktion. In den ohnehin mit Sauerstoff unterversorgten Muskeln kann auch nicht genug Sauerstoff nachgeliefert werden: Es entsteht Energiemangel. Dieser Energiemangel äußert sich als Schmerz. Ein Beispiel, das Sie vielleicht kennen, ist der Wadenkrampf. Dabei braucht der Muskel eine gewisse Zeit, bis Sauerstoff nachgeliefert wird und er sich wieder entspannen kann. Erst nachdem sich dieser verkrampfte Muskel wieder entspannt hat und genug Blut, das heißt auch Sauerstoff, aufnehmen kann, ist er wieder in der Lage, sich erneut anzuspannen.

Das ist der Grund, warum sich ein verspannter Muskel nicht weiter anspannen bzw. die geforderte Leistung einfach nicht mehr erbringen kann.

Merke
Verspannte Muskeln sind immer auch verkürzte Muskeln.

Einfach dargestellt: Ein Pferd mit verspannter Muskulatur eingesetzt läuft immer Gefahr, einen Sehnenschaden zu erleiden, weil durch die verspannte Muskulatur ein ständiger Zug auf die beteiligten Sehnen ausgeübt wird.

Ursachen für Verspannungen sind vielfältig

Der folgende Beitrag ist in vielen Veröffentlichungen zu finden. Auch diesen Leserkreis wollen wir dafür sensibilisieren, sich mit den Themen »Training, Belastung, Überlastung« und den damit verbunden Folgen zu beschäftigen. Sicher ist das hier Beschriebene als extrem zu bewerten, aber trotzdem soll es anregen, sich über alle Aspekte des reiterlichen Einsatzes seines Pferdes umfassend Gedanken zu machen.

Belastungsbedingte Muskelerkrankungen

Nachfolgender Beitrag mit freundlicher Genehmigung von Dr. med. vet. habil. Peter Launer, Dresden

Total kaputt

Wenn Pferde bei der Arbeit verspannt und unwillig sind und beim Putzen den Rücken wegdrücken, leiden sie möglicherweise an einer Muskelerkrankung.
Wie Sie durch richtiges Training Muskelschäden vermeiden und auf welche Alarmsignale Sie achten müssen, erfahren Sie in diesem Beitrag.

Die Skelettmuskulatur nimmt als aktiver Teil des Bewegungsapparates bis zu mehr als die Hälfte der Körpermaße des Pferdes ein. Sie ist ein hochsensibles Organ, das bei richtigem Training in der Lage ist, kurzzeitig Höchstleistungen und enorme Dauerleistungen zu erbringen.

Dabei laufen vielfältige Stoffwechselprozesse ab, bei denen die Energie chemischer Verbindungen in Bewegungsenergie umgesetzt wird. Das Blut muss bei der Versorgung der Muskulatur sowie bei Abtransport der Stoffwechselprodukte und der freiwerdenden Wärme Erhebliches leisten. Deshalb ist Muskelgewebe sehr gut durchblutet.
Das ist auch eine Ursache dafür, dass Muskelverletzungen in der Regel gut heilen. In 50 kg Muskulatur verzweigen sich die Blutgefäße zu einem Netz feinster Äderchen mit einer Gesamtlänge von 100.000 km. Im arbeitenden Muskel steigt die durchströmende Blutmenge auf ein Mehrfaches an.

Täglicher Weidegang reicht nicht!

Dass Muskulatur trainierbar ist, weiß jeder. Welche großen Schäden aber hervorgerufen werden, wenn eine nicht ausreichend trainierte Muskulatur zu stark belastet wird, ist schon weit weniger bekannt.
Wenn zum Beispiel ein Pferd fünf Tage in der Woche fast ausschließlich in der Box steht und dann am Wochenende ausgedehnt und auch heftig geritten wird, sind Muskelschäden vorprogrammiert.

Daran ändert auch ein täglicher Auslauf im Paddock nichts. Auch bei Weidehaltung kann in der Eigenbewegung der Pferde, die oft überschätzt wird, keinesfalls ein ausreichender Trainingseffekt gesehen werden.
Durch geeignetes Training kann die Muskulatur, wie andere Organsysteme des Körpers auch, an steigende Belastungen angepasst werden. Das ist natürlich nur im Rahmen der genetisch bedingten Veranlagung des Pferdes möglich.

Beim Training ist zu beachten, dass zwischen intensiven Belastungen Erholungsphasen liegen müssen, in denen sich die Leistungsfähigkeit des Pferdes stabilisiert. Nochmalige Belastungen in diesen Phasen würden, auch wenn dem Pferd dabei nicht die volle Leistung abverlangt wird, einen gegenteiligen Effekt auslösen.

Parameter	1. Untersuchung	2. Untersuchung	Grenzwert (Blutserum) des physiol. Ber.
CK	21.600 E/l	3.520 E/l	170 E/l
ASAT	3.229 E/l	2.070 E/l	250 E/l

Ernst zu nehmende Anzeichen

Erkrankungen der Skelettmuskulatur treten relativ häufig auf. Sie werden aber oft, besonders in der Anfangsphase, nicht erkannt. Doch gerade das ist sehr wichtig, wenn langanhaltende und schwer zu behebende Schäden vermieden werden sollen.
Wie kann man also belastungsbedingte Muskelschäden erkennen?
Oft besteht das erste Anzeichen darin, dass die Pferde in der Box mit der Hinterhand nur ungern herumtreten. Beim Putzen der Rücken-, Lenden- und Kruppengegend entstehen Schmerzen; die Tiere weichen aus, indem sie den Rücken absenken. Die Pferde sind in der Arbeit unlustig und ermüden schnell. Später treten Verspannungen der langen Rückenmuskulatur und beidseitige Schrittverkürzungen der Hintergliedmaßen auf. Die Pferde gehen steif und unwillig, galoppieren mit erhobenem Kopf, sind fest im Rücken und schlagen mit dem Schweif. In schweren Fällen bereiten die durch übermäßige Belastung hervorgerufenen Muskelentzündungen den Tieren solche Schmerzen, dass sie kaum noch vorwärtsbewegt werden können. Das Erscheinungsbild kann dem einer Kolik sehr ähnlich sehen.

Früherkennung ist wichtig!

Bei Verdacht auf eine Muskelerkrankung sollte immer ein Tierarzt hinzugezogen werden, der eine entsprechende Diagnostik einleitet. Dabei sind Blutuntersuchungen sehr wichtig.

Bei der Schädigung von Muskelfasern treten aus diesen vermehrt Enzyme in das Blut aus (das sind Biokatalysatoren, die für den Ablauf der Stoffwechselvorgänge im Muskel von außerordentlicher Bedeutung sind).

Die Auswertung ergibt 3 Möglichkeiten:

Normal: Anstieg nach 1 Stunde, dann Abfall, nach 24 Stunden wieder physiologisch
Muskelerkrankung: Weiterer Anstieg über den 1-Stunden-Wert nach 6 und/oder 24 Stunden
Mäßige Muskelschädigung: Wenn der 24-Stunden-Wert zwar wieder abgefallen ist, aber noch über dem Normbereich liegt.

Eine Vollblutstute zeigte nach ruhiger Galopparbeit einen steifen Gang. Die erste Blutprobenentnahme erfolgte ca. sieben Stunden später, die zweite (Nachuntersuchung) nach sieben Tagen. (Siehe Tabelle oben)

Bei der ersten Blutprobenentnahme waren die Grenzwerte teilweise um das mehr als Tausendfache und nach einer Woche immer noch um das etwa Zweihundertfache überschritten.

Hier liegt ein immenser Muskelschaden vor. Mit Sicherheit war die Muskulatur bereits vorher geschädigt, so dass der relativ moderate erneute Trainingsreiz diese starken Veränderungen ausgelöst hat.

Die Steuerung der Muskulatur des Pferdes

Ein Muskel arbeitet nie alleine

Wenn bisher immer nur von dem einzelnen Muskel gesprochen wurde, so muss deutlich auf die Tatsache hingewiesen werden, dass Muskelarbeit immer aus Muskelgruppen besteht. Letztlich funktioniert ein Organismus als Ganzes. Dies ist beim Pferd wie bei den Menschen immer gleich.
In der Fachliteratur spricht man von einer oberen und einer unteren Muskelkette. Mit der oberen Muskelkette sind die gesamte Oberlinie des Pferdes sowie Teile des Rumpfes gemeint. Die untere Muskelkette betrifft Teile der Halsmuskulatur, des Bauches und der Hinterhand.

So wird die Muskulatur gesteuert

Um die Massagen am Pferd noch besser zu verstehen, ist hier ein Absatz zu finden, der beschreibt, wie die Muskulatur gesteuert wird.
Die Muskulatur kann zwei Funktionen ausüben:
1. Haltefunktion
2. Bewegungsfunktion

Damit die Muskeln diesen unterschiedlichen Anforderungen gerecht werden können, braucht es ein ausgeklügeltes Steuerungs- und Regelungssystem. Diese steuernden Prozesse lassen sich als Regelkreis darstellen.
Die **Haltefunktion** verlangt, dass der Muskel seine Länge trotz von außen angreifender Kräfte konstant halten kann. Die Muskellänge wird durch einen Fühler (Muskelspindel) gemessen und die entsprechende Information an einen Regler (Motoneuron im Rückenmark) weitergeleitet. Dieser Regler nimmt über die Muskelfasern die nötige Längenkorrektur vor.
Besonders deutlich kann die Haltefunktion beobachtet werden, wenn man hinter einem Pferdeanhänger fährt und sieht, wie die Pferde sich in den sich ständig wechselnden Fahrsituationen der Bewegung anpassen, d.h. sie selber halten sich in ihrer Position eben durch die Haltefunktion.
Die Bewegungsfunktion der Muskulatur erfordert zur Steuerung einen ähnlichen Regelkreis. Dieser muss sich der sich ändernden Muskellänge und Muskelspannung anpassen können. Dies geschieht über eine kontinuierliche Verstellung des Sollwertes.
Um Länge und Spannung des Muskels zu messen, finden sich sowohl in den Muskeln als auch in den dazugehörenden Sehnen spezielle Fühler (Rezeptoren): im Muskel die **Muskelspindeln**, in der Sehne die **Golgi-Sehnenkörper**.
Die im Muskel parallel zu den Muskelfasern liegenden Muskelspindeln registrieren Längenänderungen des Muskels. Diese Information wird über schnellleitende Nervenfasern an die dazugehörenden Alpha-Motoneuronen im Vorderhorn (Bestandteil der grauen Substanz des Rückenmarks) geleitet.
Dieser Reiz bewirkt dort eine Erregung dieser Motoneurone. Dadurch wird eine Muskelkontraktion ausgelöst. Diese Kontraktion hat zur Folge, dass die Dehnung und Reizung der Muskelspindeln beendet wird. Beim **passiven statischen Dehnen** wird durch die gleichmäßige Steuerung der Dehnung ohne ruckartige Bewegungen das Auslösen des Dehnungsreflexes verhindert. Der Muskel kann dann unter besten Verhältnissen gedehnt werden.
Die Information der Muskelspindeln wird nicht nur an die Alpha-Motoneuronen des dazugehörigen Muskels, sondern gleichzeitig auch an die Motoneurone seiner Gegenspieler (Antagonisten) weitergegeben. Dabei werden diese Motoneuronen und damit die Antagonisten gehemmt: **reziproke Hemmung der Antagonisten**.
Die bis jetzt geschilderten Vorgänge zur Muskelsteuerung sind für die in unserem Leben verlangten Bewegungsmuster zu wenig anpassungsfähig. Ein zusätzli-

cher Mechanismus erlaubt, die Empfindlichkeit der Muskelspindeln zu verändern.
Spezielle Muskelfasern innerhalb der Muskelspindeln können durch Anspannen oder Entspannen die Fühler empfindlicher oder unempfindlicher gegen Längenänderungen einstellen.

Diese speziellen Muskelfasern werden ebenfalls durch motorische Nervenzellen im Vorderhorn des Rückenmarks – Alpha-Motoneuronen – gesteuert. Durch dieses Reglersystem, der sogenannten Alpha-Schleife, kann sich die Muskulatur den vielfältigen Anforderungen bestens anpassen.
Die Muskelsteuerung spielt sich natürlich nicht nur auf der Ebene Rückenmark und Muskel ab. Hier laufen wohl die rein reflektorischen Vorgänge ab, die bei den verschiedenen Dehnungsübungen genutzt werden. Dieser Ebene übergeordnet sind die Zentren des Gehirns. Sie werden jeweils aktivierend oder hemmend Einfluss nehmen.

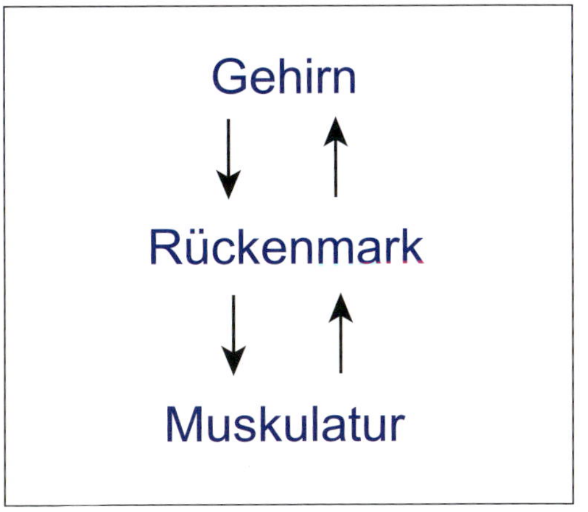

Die motorische Hirnrinde ist vor allem für die Willkürmotorik, der Hirnstamm für die Stützmotorik verantwortlich. Diese Zentren wiederum sind verbunden mit anderen Hirnstrukturen, so dass zum Beispiel – was in unserem Zusammenhang ganz wesentlich ist – auch die jeweilige psychische Verfassung Einfluss auf den Spannungszustand der Muskulatur nimmt.

Lebensfreude zeigt sich, wenn die Muskeln locker und geschmeidig sind.

Auch die Stute und ihr Fohlen genießen mit entsprechender Vorbereitung Wellness- oder Massagebehandlungen.

Schauen Sie sich die Muskulatur Ihres Pferdes genau an und lernen Sie Ihr Pferd neu kennen.

Hier eine Übersicht über die wichtigen zu massierenden Muskeln und deren Funktionen. Außerdem gibt es erste Hinweise, wie sich Probleme an den einzelnen Muskeln beim Pferd äußern.

1. M. Masseter (Kaumuskel)

Ist zu 50 % an der Kauleistung beteiligt und schließt den Kiefer. Wenn sich das Pferd zunehmend gegen die Hand des Reiters wehrt, kann es ein Hinweis auf Verspannung dieses kräftigen Muskels sein.

2. M. Brachiocephalicus (Arm-Kopfmuskel)

Er dient zum Seitwärtsbewegen von Hals und Kopf, Zurück- und Niederziehen von Kopf und Hals. Besonders auffällig, wenn hier Verspannungen vorliegen: Im fortgeschrittenen Stadium widersetzt sich das Pferd bei Wendungen oft.

3. M. Trapecius (trapezförmiger Muskel unterteilt sich in Rumpf- und Halsportion)

Beide Gruppen ziehen das Schulterblatt nach oben und nach vorne, ebenso heben sie beide Schultern und ermöglichen Bewegung nach hinten. Beweglichkeits- und Koordinationsmängel, meist ist auch Kraftverlust bei Verspannung dieses Muskels feststellbar.

4. M. Triceps brachii (dreiköpfiger Armmuskel) M. Deltoideus

bewegt das Schultergelenk, streckt und fixiert das Ellenbogengelenk; durch die Verspannung ist die Bewegungsfreiheit des Gelenks vermindert, bei Trabverstärkungen treten Taktfehler auf oder das Pferd springt öfter in den falschen Galopp.

5. M. Longissimus dorsi (langer Rückenmuskel)

streckt und biegt die Wirbelsäule, lässt seitliche Biegung des Pferdes zu. Der Rücken erscheint nicht losgelassen. Im Zusammenspiel mit dem folgenden M. Glutaeus med. sind in diesen Bereichen öfter als in anderen Regionen Verspannungen zu finden. Deshalb an dieser Stelle der Hinweis, dass die hier beschriebenen Techniken leider nicht immer ausreichen, um aufgetretene Probleme zu beseitigen. Hier ist oft der Tierarzt oder der Pferdetherapeut gefragt.

6. M. Glutaeus medius (mittlerer Kruppenmuskel)
Diese Muskelgruppe liefert die Hauptkraft für die gesamte Vorwärtsbewegung. Diese Muskeln werden aufgrund ihrer Bedeutung am meisten belastet und zeigen alleine dadurch mehr Auffälligkeiten.

7. M. Biceps femoris (zweiköpfiger Oberschenkelmuskel)
streckt das Sprunggelenk und beugt das Knie, macht Seitwärtsbewegung möglich. Man findet öfter eine Ungleichheit im Schrittmaß. Das Pferd tritt lang/kurz wie man sagt. Manchmal findet das Pferd nicht die gewünschte Gangart.

8. M. Semitendinosus (Halbsehnenmuskel)
Streckt Hüft- und Sprunggelenk, beugt das Kniegelenk und dreht das Hinterbein einwärts. Obwohl sich dieser Muskel fast immer weich anfühlt, sind Verspannungen doch vorhanden. Sollte die angewendete Massage keine Verbesserung bringen, könnte auch ein bisher nicht entdeckter Sehnenschaden vorliegen. Deshalb immer im Zweifel den Tierarzt dazuholen.

9. M. Semimembranosus (halbmembranöser Muskel)
Streckt das Hüftgelenk, dreht Hinterbein einwärts. Das Pferd mag keine engen Wendungen. Auch die Streckung des Knies bereitet dem Pferd Schwierigkeiten,

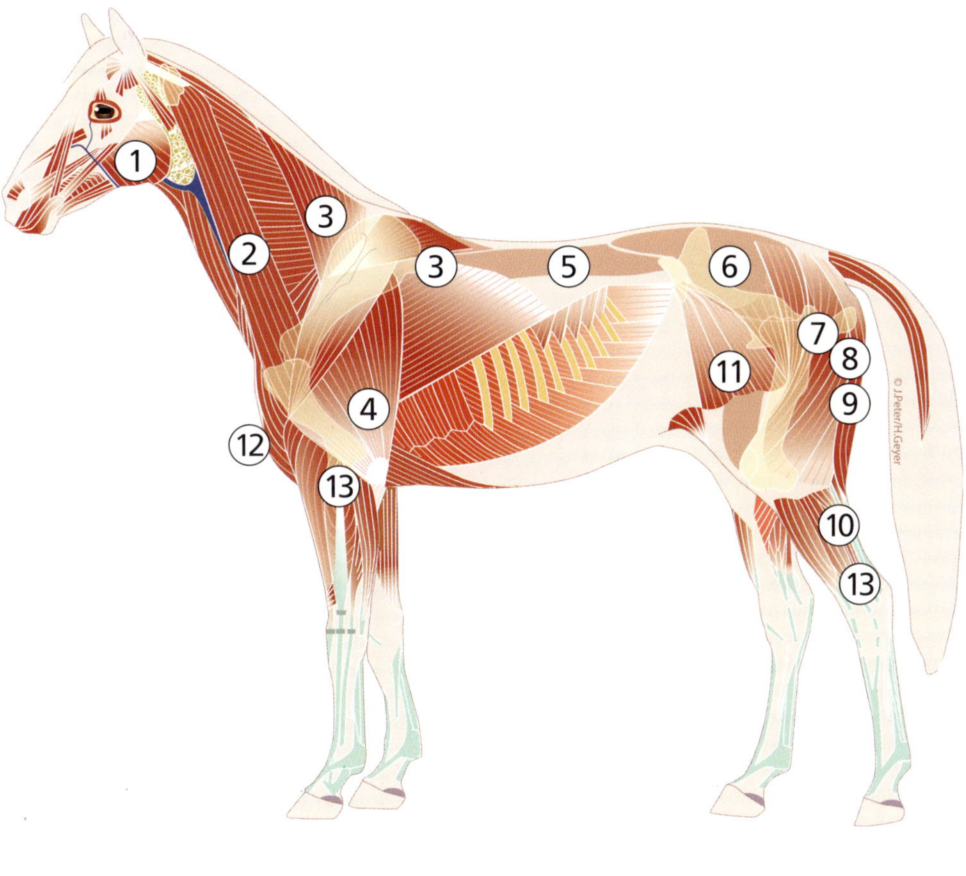

und es tritt einseitig im Schritt länger oder kürzer. Ähnlich wie beim Semitendinosus fühlt sich die Region fast immer weich an und ist trotzdem verspannt.

10. M. Gastrocnemius (zweibäuchiger Wadenmuskel)
Unterstützt die Beugung des Kniegelenkes und streckt das Sprunggelenk. Die Beweglichkeit beider Gelenke erscheint eingeschränkt. Auffällig ist, dass das Pferd nicht gerne länger stehen mag. Es tritt dauernd um.

11. M. Tensor fascie latae (Spanner der Oberschenkelbinde)
Streckt das Kniegelenk und beugt die Hüfte. In der Vorwärtsbewegung weicht das Bein nach außen. Seitwärtsbewegungen sind eingeschränkt.

12. M. Pectoralis (Brustmuskel)
Zieht das Vorderbein nach hinten. Oft springt das Pferd in den falschen Galopp oder springt immer wieder im Galopp um.

13. M. Extensor carpi radialis, ulnaris und alle weiteren Beinmuskeln,
die als Strecker und Beuger sowohl an der Vorhand als auch an der Hinterhand arbeiten.

Bei allen hier geschilderten Symptomen oder Auffälligkeiten handelt es sich nur um eine Auswahl an Möglichkeiten. Damit sind aber nicht alle Probleme genannt, die zu Schwierigkeiten an den einzelnen Muskeln führen können. Denken Sie immer daran, dass, wie schon beschrieben, immer mehrere Muskeln gemeinsam arbeiten und sich so Probleme beim Reiter bemerkbar machen, die völlig andere Ursachen haben können.
Im Vergleich zur gesamten Zahl der Muskeln sind das nur wenige. Die hier aufgeführten Muskeln gehören zu den sogenannten oberflächlichen Bewegungsmuskeln und sind mit den verschiedenen Massagetechniken sehr gut zu erreichen.

Voraussetzungen, die unbedingt vor der Pferdemassage zu erfüllen sind

Zuerst am Menschen üben

Diese Aufforderung klingt vielleicht etwas merkwürdig. Da uns das Pferd nicht immer so deutlich mitteilt, was es bei welchen Techniken empfindet, möchten wir jedem, der sich erstmalig mit den verschiedenen Grifftechniken und vor allem mit der Druckstärke beschäftigt, empfehlen, zu zunächst am Menschen zu üben.

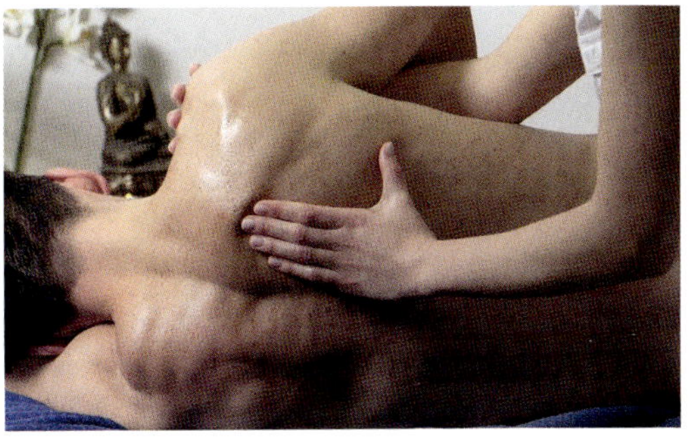

Sicher gibt es im persönlichen Umfeld jemanden, der sich gerne dafür zur Verfügung stellt. Sie werden erstaunt sein, wie die verschiedenen Methoden von den unterschiedlichen Menschen empfunden und beschrieben werden. Sicher kann man diese Erfahrung nicht eins zu eins auf Pferde übertragen. Einen ersten Eindruck kann man sich damit aber sehr wohl verschaffen.

Dies sollten Sie beachten: Tragen Sie festes Schuhwerk. Lange Fingernägel sind nicht erwünscht, ebenso sollen Sie keine Ringe, Ketten etc. tragen.

Merke
Wenn irgend möglich, sollte das Pferd bei der Behandlung nicht angebunden werden.

Sollte es nicht anders gehen und Sie haben niemanden, der Ihnen hilft und der das Pferd am Strick halten könnte, dann sehen Sie zwischen Anbindering und Strick eine Sollbruchstelle vor. Es kommt immer wieder vor, dass das Pferd plötzlich rückwärtszieht und sich häufiger als man denkt Zerrungen im Bereich des Nackens zuzieht. Die heute qualitativ hochwertigen Halfter und Stricke reißen meistens nicht in einer Paniksituation. Denken Sie bitte unbedingt an die Sollbruchstelle.

Wenn Sie Hilfe bei der Massage haben, sorgen Sie dafür, dass, wenn sich das Pferd wie auch immer bewegt, es nicht zum Stillstehen diszipliniert wird. Durch eventuelle Bewegung und sonstige Reaktionen des Pferdes stellen Sie fest, ob Sie beispielsweise zu fest massieren oder in Bereiche kommen, wo die Massage nicht sinnvoll sein kann (zum Beispiel Bauchgegend).
Um ein Pferd erfolgreich zu massieren, müssen einige Voraussetzungen erfüllt sein. Zuerst haben Sie sich ja sicher mit den Muskeln Ihres Pferdes vertraut gemacht und wissen, wo sich an welchen Stellen des Körpers wichtige zu massierende Muskeln befinden. Legen Sie sich einen Zeitrahmen fest, den Sie für die jeweilige Massagesitzung nutzen wollen.

Merke
Nehmen Sie sich Zeit.

Ebenso ist es wichtig, zu welcher Tageszeit Sie aktiv werden wollen. Jedem sollte bewusst sein: Eine solche Arbeit während der Fütterung der Pferde durchzuführen, gelingt garantiert nicht. Dem Pferd sollte immer nach der Fütterung mindestens eine Stunde Ruhe gegeben werden, egal was Sie planen.

Wichtig ist, einen Zeitpunkt zu wählen, wenn im Stall wenig Betrieb herrscht. Besonders wenn Ihr Pferd diese Behandlung noch nicht kennt, wird es sich sehr leicht durch andere Menschen, Pferde oder Hunde etc. ablenken lassen. Natürlich gehört das Handy jetzt stummgeschaltet und auch andere Tiere sollten während der Behandlung nicht dabei sein.

Voraussetzung für ein gutes Ergebnis ist Ihre eigene Losgelassenheit. Arbeiten Sie mit Ihrem Pferd am besten, wenn Sie selber locker und entspannt sind. Pferde merken immer, wenn Sie selber nervös oder abgelenkt sind. Ihre Arbeit wird wenig oder sogar keinen Erfolg bringen.

> **Merke**
> Nie das Pferd in seiner Box massieren.

Es kommt immer wieder vor, dass das Pferd sich plötzlich umdreht, erschreckt oder seine Position sonst wie verändert, worauf Sie nicht gefasst sind. Die Folgen für den Menschen könnten problematisch werden.

Das Pferd sollte nicht in seiner Box massiert werden.

Auch wenn sonst Hunde zum Alltag in jedem Pferdestall gehören, sollten sie bei einer Massageanwendung nicht dabei sein. Hier gilt die Aufmerksamkeit dem Pferd. Das Pferd macht plötzlich und für Sie ohne erkennbaren Grund einen schnellen Schritt zur Seite, Sie müssen ausweichen. Mit Sicherheit befindet sich der Hund genau in dem Moment hinter Ihnen. Was dann los ist, kann sich jeder selber ausmalen. Das Gleiche gilt natürlich auch für Katzen.

Freie Beweglichkeit durch lockere Muskeln.

Woran sind Muskelprobleme zu erkennen? Wo und wann sollte das Pferd massiert werden?

Jeder, der selber Sport treibt, hat bestimmt schon einmal erfahren, dass nach einigen Aktivitäten plötzlich eine Bewegung nicht mehr so gut gelingt wie normal. Damit ist nicht der Muskelkater gemeint. Meist hat man dann etwas gemacht, was sonst nicht so häufig oder mit mehr Intensität erfolgte.
So ähnlich geht es auch unseren Pferden. Keiner wird sein Pferd bewusst mehr fordern als es sein Trainingszustand erlaubt. Trotzdem passiert es schon mal, dass zum Beispiel ein Ausritt unternommen wird, auf den man sein Pferd nicht ausreichend vorbereiten konnte. Anschließend stellt man plötzlich fest, dass das Pferd nicht mehr so mitmacht wie sonst. Oder das Pferd stürmt aus unerfindlichen Gründen plötzlich los. Manchmal passiert auch das Gegenteil und das sonst so bewegungsfreudige Pferd will nicht mehr so recht vorwärtsgehen.
Meist sind das erste Hinweise, dass etwas in der Pferdemuskulatur nicht so ist wie es sein soll. Spätestens dann sollten Sie Ihr Pferd mit den im Buch beschriebenen Techniken untersuchen und entsprechend massieren.

Aber nicht nur nach so deutlichen Signalen ist eine Massage erforderlich, sondern auch im Alltag lohnt es sich immer wieder, neben der täglichen Reinigung, das Pferd kurz mit den Händen abzutasten, um eventuelle Veränderungen festzustellen. Wenn das zur Routine wird, ist damit kein zeitlicher Mehraufwand verbunden. Wie schon zu Anfang gesagt, soll die natürliche Beweglichkeit des Pferdes stets erhalten bleiben.

Das hört sich zunächst sehr anspruchslos an. Wenn man sich aber mit diesem Thema weiter beschäftigt wird schnell klar, dass das nicht so einfach ist, wie es meistens angenommen wird.

> **Merke**
> Es lohnt sich, täglich auf die Muskeln des Pferdes zu achten.

Was ebenfalls selten beachtet wird, sind Stressfaktoren. Das fängt an, wenn plötzlich ein neues Pferd in den Stall kommt oder es in eine Herde integriert werden soll.
Natürlich sind Transporte im Anhänger oder auf dem LKW für viele Pferde mit Stress verbunden. Ebenso die Teilnahme an Turnieren, Herbstjagden und/oder gemeinsame Ausritte u.v.m. Letztlich alles, was nicht zur täglichen Routine des Pferdes gehört, kann bei ihm erheblichen Stress auslösen.
Was macht unsere Muskulatur, wenn wir Stress erleiden? Sie zieht sich zusammen. Meist unbewusst. Bei Pferden ist das genauso. Da ist dann die ganze Aufmerksamkeit des Reiters gefordert. Nach einer solchen ungewohnten Situation sollte man das Pferd und seine Muskeln am besten immer mit den später beschriebenen Methoden erforschen und entsprechend massieren.
Wie an anderer Stelle gesagt, hat wohl schon jeder, der sich mit seinem Pferd beschäftigt, es meist unbewusst massiert. Dabei hat man sich keine Gedanken darüber gemacht, wie die Muskelfasern verlaufen. Hätten Sie zum Beispiel ungewollt quer zum Faserverlauf der Muskulatur geputzt und das Pferd dabei Unwillen oder sogar Abwehr gezeigt, kann man davon ausgehen, dass sich dort Fasern verklebt haben und in dem Fall bereits das Putzen dem Pferd Schmerzen verursacht, wenn auch zunächst nur in geringem Maße. Wenn Sie das Pferd an den Stellen nach den hier gezeigten Techniken massiert hätten, wäre aus den Schmerzen oft ein Wohlgefühl für das Pferd entstanden.

Wer so eine Möglichkeit mit seinem Pferd hat, massiert und trainiert wichtige Muskeln gleichzeitig. Eine schöne Wassertherapie.

Einer der hauptsächlichen Gründe, sein Pferd zu massieren, liegt darin, dass sich das Pferd durch eine sinnvolle und richtig durchgeführte Massage wesentlich lockerer zeigt. Dem Reiter vermittelt sich der Eindruck, dass alles einfacher und ohne Widerstand möglich wird. Man sollte mit einer gewissen Regelmäßigkeit und durch die richtigen Techniken sein Pferd fit halten. Dabei ist es völlig egal, ob es sich um ein junges oder ein bereits betagtes Tier handelt. Wenn aber Muskelverspannungen oft unbemerkt schon lange bestehen, kann sich eine Situation entwickeln, die wie folgt beschrieben wird.

Sarkomere gehen unter

Bei Sarkomeren handelt es sich, stark vereinfacht formuliert, um viele kleine hintereinander geschaltete Elemente (kleinste funktionelle Einheiten, bestehend aus Proteinen), die für die Kontraktion (Zusammenziehen) der Muskeln zuständig sind.

Wenn Sarkomere untergegangen sind bedeutet dies, dass dieser Bereich ab einem gewissen Zustand nicht mehr seine volle Leistungsfähigkeit erreichen kann. Alleine diese Tatsache sollte jeden Pferdebesitzer animieren, die Muskeln seines Pferdes zu pflegen und entsprechend zu massieren.

Bevor der oben beschriebene Zustand eintritt ist es unerlässlich, sein Pferd in regelmäßigen Abständen von einem qualifizierten Pferdetherapeuten untersuchen und gegebenenfalls behandeln zu lassen.

Ein Problem der besonderen Art: Der Pferderücken

Hier eine (unvollständige) Liste der Signale, die sich insbesondere bei Problemen des Pferderückens zeigen können:

- Das Pferd mag plötzlich den Sattel nicht mehr.
- Es duldet kein Aufsitzen mehr oder wird sehr unruhig beim Versuch aufzusitzen.
- Es mag keine gymnastizierenden Lektionen.
- Angaloppieren gelingt nicht immer.
- Ohne ersichtlichen Grund treten diffuse Lahmheiten auf.
- Es geht gegen reiterliche, auch leichte Hilfengebung an.
- Taktprobleme, die bisher nicht da waren, treten auf.
- Taktverstärkungen gelingen gar nicht mehr oder daraus entstehen erkennbare leichte Lahmheiten.
- Selbst beim Putzen versucht das Pferd zu schnappen oder drückt den Rücken weg.
- Immer wieder versucht das Pferd, den Zügel aus der Hand zu reißen.
- Rückwärtsrichten geht nur mit erheblichem Widerstand.

Sollte auch nur eines der hier beschriebenen Probleme dauerhaft auftreten, ist in fast allen Fällen der Tierarzt oder der Pferdetherapeut zu konsultieren. Sofern eine Diagnose gestellt wurde und die Behandlung abgeschlossen ist, können Sie in Absprache mit dem jeweiligen Fachmann mit Ihren Techniken tätig werden. Besonders wichtig ist anzumerken, dass dann ein möglicher Rückfall weniger wahrscheinlich ist.

Der Pferderücken: Mit seiner Losgelassenheit steht und fällt die Bewegungsqualität

Das Zusammenspiel vom Muskeln und Faszien

Wie ist das Zusammenspiel zwischen Muskeln und Faszien zu verstehen?

Die Existenz von Faszien ist in der Medizin schon lange bekannt, aber mit der tatsächlichen Funktion und den besonderen Eigenschaften der Faszien hat man sich Jahrzehnte nur am Rande beschäftigt. Erst in den letzten Jahren haben Mediziner und Wissenschaftler sich mit dieser Form des Bindegewebes ausgiebig beschäftigt und etliche Aufgaben entdeckt, die man früher nicht beachtet hat.

Faszien zählt man zum Bindegewebe. Es handelt sich um eine zähe, milchig helle Substanz, die von wenigen Millimetern Dicke an einigen Stellen deutlich an Stärke zunehmen kann.

Wir finden Faszien im gesamten Pferdekörper, sie trennen die einzelnen Muskeln voneinander, umhüllen jeden Knochen, alle Organe und leiten die zwischen den Faszien befindliche Lymphflüssigkeit ab.

Zum besseren Verständnis ist noch zu bemerken, dass es im Grunde genommen nur eine Faszie gibt, die den gesamten Körper durchzieht, ohne Anfang und Ende. Dies bedeutet, dass zum Beispiel über die Behandlung des Faszienkörpers auch entfernt vom Behandlungspunkt liegendes Gewebe beeinflusst werden kann.

Dazu ein Beispiel: Stellen Sie sich eine dünne Decke auf einem Tisch vor. Nun ziehen Sie an einer Stelle an der Decke. Sofort wird sich die gesamte Decke in Falten legen oder sonst wie auf den Zug Ihrer Hand reagieren. So einfach ist es in der Wirklichkeit natürlich nicht, aber zur Verdeutlichung, wie dieses Gewebe reagieren kann, ist das vorstehende Beispiel gut geeignet.

Erst spät hat man herausgefunden, dass in den Faszien auch Nervenendigungen vorhanden sind. Diese Nerven sind jedoch nicht durch den Willen zu beeinflussen. Ebenso gibt es kontraktile Elemente (Elemente die sich zusammenziehen können). Wie alleine hier zu sehen ist, gibt es umfangreiche Aufgaben, die dieses Gewebe zu erfüllen hat.

Für uns ist es wichtig zu wissen, dass man prinzipiell besonders bei tief gehenden Massagegriffen immer auch die zu einem großen Teil direkt unter der Haut liegende Fläche behandelt.

Dies gilt ebenfalls bei den verschiedenen Techniken. Wenn Sie am Pferd zum Beispiel die Technik Hautrollen verwenden, so werden Sie besonders auch auf das Fasziengewebe einwirken.

Das ist ebenfalls bei den verschiedenen intensiv oder nur flach ausgeführten Streichungen so. Auch dann können Sie einen Einfluss auf die Faszie nicht verhindern.

Fast alle Massagegeräte, wie der hier vorgestellte BLUE MAGIC, sind ebenfalls gut geeignet, die Faszien neben der Muskulatur zu bewegen.

In der Pferdeliteratur gibt es mittlerweile Fachbücher, die auch für Leser ohne tiermedizinische Vorbildung die Behandlungsmöglichkeiten von Faszien erläutern, außerdem gibt es eine Vielzahl von Geräten, die für die Behandlung von Faszien vorgesehen sind. Es ist aber grundsätzlich kaum möglich, Muskeln und Faszien voneinander getrennt zu behandeln.

Welche Auswirkungen und welche Probleme uns bei unseren Pferden insgesamt begegnen wird im nachfolgenden Beitrag aus einem Symposium des Tierspitals der Vetsuisse-Fakultät der Universität Zürich deutlich (siehe Seite 34 ff).

Sportmedizin für Pferde: Rücken gut, alles gut?

An der Abteilung für Sportmedizin des Tierspitals der Universität Zürich werden immer häufiger Pferde mit Leistungsschwäche, Rittigkeitsproblemen oder Verhaltensauffälligkeiten vorgestellt – sehr oft sind dies Symptome von Rückenproblemen.

Um diesen Erfahrungswert wissenschaftlich zu untermauern, initiierte **Prof. Dr. med. vet. Michael Weishaupt** eine groß angelegte Studie zur Rückengesundheit der Schweizer Reitpferdepopulation, die u.a. von der Stiftung ProPferd und vom SVPS unterstützt wurde. Am Symposium PFERDE, das vom 8. bis 10. November 2019 im Tierspital Zürich stattfand, wurden nun die ersten Ergebnisse präsentiert.

Den Kern der Studie bilden die 248 Pferd-Reiter-Paare, die sich für die Untersuchungen freiwillig zur Verfügung gestellt haben. Grundvoraussetzung war, dass die Reiterinnen und Reiter sowohl sich selbst als auch ihr Reitpferd als beschwerdefrei und gesund beurteilten.

Einflussfaktoren für Rückenbeschwerden

Dass es nicht einen einzelnen Auslöser für Rückenschmerzen gibt, ist bekannt. Welche konkreten Zusammenhänge zwischen den Einflussfaktoren wie dem Sattel, der Reiterin bzw. dem Reiter selbst und der Reitweise bestehen, war Gegenstand dieser Studie. So wurden nicht nur alle Pferde einer orthopädischen und chiropraktorischen Untersuchung unterzogen und ein Teil davon mittels Röntgen- und Ultraschalluntersuchungen beurteilt, sondern es wurden auch die Sättel kontrolliert und die Reiterfitness auf die Probe gestellt.

Wer war dabei?

Die Studienpferde waren fünf- bis achtzehnjährig, davon 59 % Wallache, 38 % Stuten und 4 % Hengste, mehrheitlich Warmblüter (64 %). Knapp ein Drittel dieser Pferde wird in Einzelboxen ohne Auslaufbereich gehalten, jedoch leben 45 % der Studienpferde in Auslaufboxen.

Das Durchschnittsalter der Reiterinnen und Reiter betrug 37 Jahre, 93 % waren Frauen, 54 % verstanden sich als ambitionierte Sportreiterinnen bzw. -reiter. Die durchschnittliche Reiterfahrung belief sich auf 25 Jahre.

Rückenschmerzen mindern nicht zwingend die Leistung

Dr. med. vet. Selma Latif, Tierärztin mit Spezialisierung in Sportmedizin und Rehabilitation von Pferden, manuelle Therapeutin und wissenschaftliche Mitarbeiterin der Abteilung für Sportmedizin an der Vetsuisse-Fakultät der Universität Zürich, erläuterte, dass ein Drittel der Studienpferde, die ja von ihren Besitzerinnen und Besitzern als gesund eingestuft wurden, beim Abtasten des Rückens mittel- bis hochgradig schmerzempfindlich reagierten. Dies bedeutet, so Latif, dass die ungebrochene Leistungsbereitschaft beim Reiten allein noch keine Sicherheit gibt, dass das Pferd tatsächlich schmerzfrei ist. Im Rahmen der Studie wurden hingegen auffällige Verhaltensweisen beim Putzen mit hoher Wahrscheinlichkeit mit Rückenschmerzen in Verbindung gebracht. Auch warnte die Veterinärmedizinerin vor Fehlinterpretationen: Macht ein Pferd nach dem Hindernis wirklich Freudensprünge? Ist es tatsächlich unerzogen, wenn es mit Unwillen auf meine Reiterhilfen reagiert? Oder ist das eine wie das andere vielleicht doch eine Schmerzäußerung?

Umgekehrt geben manche Rückenpatienten unter der Reiterin bzw. dem Reiter Hinweise auf ihre Schmerzen, nicht jedoch an der Longe oder im Stand. Deshalb empfiehlt das Studienteam, auffällige Pferde immer ganzheitlich abzuklären – im Stand und in der Bewegung, mit und ohne Reiter, vom Beschlag bis zum Sattel. Verdeutlicht wurde diese Herangehensweise nicht zuletzt mit dem Hinweis, dass eine Schmerztherapie allein keine nachhaltige Heilung bringt, sondern eben alle Einflussfaktoren optimiert und neue, gesunde Bewegungsabläufe unter der Reiterin bzw. dem Reiter erlernt werden müssen, um das Pferd langfristig gesund zu erhalten.

Bildgebende Verfahren bei Rückenproblemen

Untersuchungsmethoden wie Röntgenbilder oder Ultraschall sind wichtige Bestandteile einer umfassenden Abklärung von Rückenbeschwerden beim Pferd, wie **Prof. Dr. med. vet. Stefanie Ohlerth** erläuterte. Beim Röntgen werden die knöchernen Strukturen wie Wirbelkörper und -gelenke oder Dornfortsätze dargestellt, mit dem Ultraschall die Wirbelgelenke und die Weichteile des Rückens wie Muskeln und Bänder. Aufgrund der Größe des Pferdes können in der Röntgen- und der Ultraschalluntersuchung jedoch nicht alle Bereiche des Rückens vollständig dargestellt werden. Im Rahmen der Rückenstudie wurden 71 Pferde den bildgebenden Untersuchungen unterzogen.

Die ersten Auswertungen legen nahe, dass Warmblüter stärker von Rückenproblemen betroffen sind als andere, kleinere Pferde. Auch müssen Befunde in bildgebenden Verfahren (noch) nicht zwingend Auswirkungen auf die Leistung oder das Gangbild des Pferdes haben. Die Röntgenuntersuchung ergab bei 45 % der allesamt als leistungsbereit und reitgesund eingestuften Studienpferde leicht- bis hochgradige Veränderungen an den Dornfortsätzen, die auch die Rückenbeweglichkeit einschränkten. Leicht- bis hochgradige arthrotische Veränderungen an den Wirbelgelenken wurden bei 52 % im unteren Hals und bei 38 % der Pferde in der Sattellage und Lende gesehen. Die Ultraschallbilder zeigten mindestens leichtgradige Veränderungen im Bereich der Iliosakralgelenke bei 32 %. Insgesamt waren die hochgradigen Veränderungen eher selten.

Die Ergebnisse der bildgebenden Untersuchungen werden nun weiter aufgearbeitet, um Zusammenhänge zu Auffälligkeiten bei der orthopädischen und chiropraktorischen Untersuchung herzustellen.

Schnittstelle Sattel

Aus dem Fragebogen, den die Studienteilnehmerinnen und -teilnehmer ausfüllten, geht hervor, dass rund die Hälfte ihren Sattel nicht regelmäßig kontrollieren lässt, wobei ebenfalls 50 % angaben, dass der Sattel ihrer Einschätzung zufolge ideal passen würde. Weitere 46 % beantworteten die Frage, ob die Passform ihres Sattels für ihr Pferd ideal sei, immerhin auch noch mit der Aussage: »trifft zu.« Die manuelle Untersuchung der Sättel im Rahmen der Studie ergab jedoch, dass nur gerade 10 % der Sättel perfekt passten, wobei auch kleine Unregelmäßigkeiten in der Polsterung oder leichte Asymmetrien in die Wertung einbezogen wurden.

Wie **Sattlermeister Urban Truniger** am Symposium erläuterte, sind die Variablen, die den Satteldruck und die Passform beeinflussen, äußerst vielfältig und komplex. Sie variieren vom Aufbau des Sattels selbst, wie der Wahl des Sattelbaums, der Aufhängung der

Gurtstrippen oder dem Füllmaterial der Sattelkissen, über die Satteluntertage bis hin zum Niveau des Reiters selbst. So haben elektronische Satteldruckmessungen beispielsweise beim gleichen Pferd mit gleichem Sattel, aber anderem Reiter ein unterschiedliches Druckbild ergeben. Als weitere Negativfaktoren bezüglich Satteldrucks wurde ein zu tiefer Sitz, zu große Pauschen und eine für den Reiter zu kleine Sitzfläche genannt.

Grundsätzlich empfahlen die Experten, den Sattel mindestens jährlich von einem Fachmann überprüfen zu lassen, bei Pferden in Entwicklung – d.h. bei plötzlich intensiverem oder weniger intensiven Training – noch öfter. Truniger wies zudem darauf hin, dass bei Pferden mit Rückenproblematik eine enge Zusammenarbeit von Sattler, Physiotherapeut, Reitlehrer und Tierarzt unumgänglich sei. Auch Dr. med. vet. Selma Latif gab zu bedenken, dass ein Sattel nicht auf eine Fehlhaltung des Pferdes angepasst werden darf, sondern das Pferd nach Möglichkeit zuerst ohne Reitergewicht umtrainiert werden sollte, um sich schließlich auch unter dem Sattel gesund bewegen zu können.

Lahmheiten schlecht erkannt

Aktuelle internationale Studien legen nahe, dass Pferdebesitzer und -trainer oft nicht in der Lage sind, Lahmheiten oder Unregelmäßigkeiten im Gangbild zu erkennen. Prof. Dr. med. vet. Michael Weishaupt erläuterte am Symposium, dass dies im Rahmen der Schweizer Rückenstudie bestätigt wurde: Von den Studienpferden, die von ihren Reiterinnen und Reitern allesamt als reitgesund und beschwerdefrei eingestuft wurden, zeigten gemäß tierärztlichem Augenschein bis zu 50 % geringgradige Lahmheiten beim Vortraben. Ein Ausschnitt von 69 Pferden wurde zusätzlich einer Lahmheitsuntersuchung auf dem Laufband unterzogen, bei der die Bewegungen des Pferdes und die Belastung der einzelnen Gliedmaßen elektronisch gemessen wurden. Bei rund 35 % dieser Pferde wurden leichtgradige Lahmheiten bzw. Bewegungsasymmetrien festgestellt. Dabei betrug die mittlere Belastungsdifferenz zwischen linker und rechter Gliedmaße eines Beinpaars 3,65 % des Körpergewichts; das sind bei einem 500 kg schweren Pferd rund 18 kg.

Inwiefern diese Asymmetrien im Gangbild im Zusammenhang mit der orthopädischen Gesundheit des Pferdes stehen bzw. bis zu einem gewissen Grad normal sind, wird nun in weiteren Arbeiten analysiert

Einflussfaktor Reiter

Wie komplex ein guter Reitersitz ist, erläuterte die Dressurrichterin und Krankengymnastin **Susanne von Dietze** eindrücklich in ihrem Referat. Wie beim Pferd kommt auch beim Reiter der positiven Körperspannung mit einer angepassten Mobilität und Stabilität eine enorme Bedeutung zu.

Dr. Christoph Bauer vom Institut für Physiotherapie der Zürcher Hochschule für Angewandte Wissenschaften (ZHAW) nahm diese Thematik auf und erklärte, dass bisher kaum Daten zu den Anforderungen und Leistungsparametern von Reiterinnen und Reitern vorhanden seien. Somit gelte die Rückenstudie in diesem Bereich als Beobachtungsstudie, die einen ersten Überblick über die Sachlage liefere.

Im Rahmen der Studie wurden alle Teilnehmerinnen und Teilnehmer einem einstündigen Test unterzogen, bei dem in einer Reihe von Untersuchungen Ausdauer, Balance, Beweglichkeit, Kraft, Schnelligkeit, Reaktionsgeschwindigkeit und Symmetrie analysiert wurden. Diese Daten wurden mit der Notengebung der Dressurrichter beim Reittest der Studie verglichen, um Rückschlüsse auf die Reitperformance zu ziehen. Dabei ergab sich folgendes Bild: Gute Ausdauer, Kraft und Reaktionsgeschwindigkeit beeinflussen die Reitperformance positiv, während Reiterinnen und Reiter mit größerer Beweglichkeit im Reittest tendenziell schlechter benotet wurden.

Diese Studienergebnisse sind jedoch erst der Anfang, und weitere Arbeiten sind notwendig, um diese Interpretation der Daten zu erhärten oder zu widerlegen, um im Bereich der sportwissenschaftlichen Beurteilung und Förderung des Reitsports weiterzukommen.

Blick in die Zukunft

Das Symposium PFERDE 2019 hat vor allem eines gezeigt: Die ersten Ergebnisse der Rückenstudie sind erst der Anfang. Eine tiefergreifende Analyse der Daten und ergänzende Forschungsarbeiten werden nötig sein, um die Gesundheit und das Wohlergehen der Reitpferde noch besser zu verstehen und proaktiv zu optimieren sowie die Reiterinnen und Reiter als Sportler gezielter zu fördern.

Besonders erschreckend ist für uns die Tatsache, dass ein großer Teil der Reiter vermutete, ihr Pferd sei gesund. Bei tierärztlicher Untersuchung wurden jedoch bis zu hochgradigen Schmerzen festgestellt. Ebenfalls fast unglaublich, dass ebenso ein bemerkenswerter Teil der Teilnehmer keine Lahmheit bei ihrem Pferd festgestellt haben, obwohl die betroffenen Pferde sich dem Auge des Betrachters deutlich lahm zeigten.

Text: Cornelia Heimgartner

Mit freundlicher Genehmigung des Schweizerischen Verbands für Pferdesport

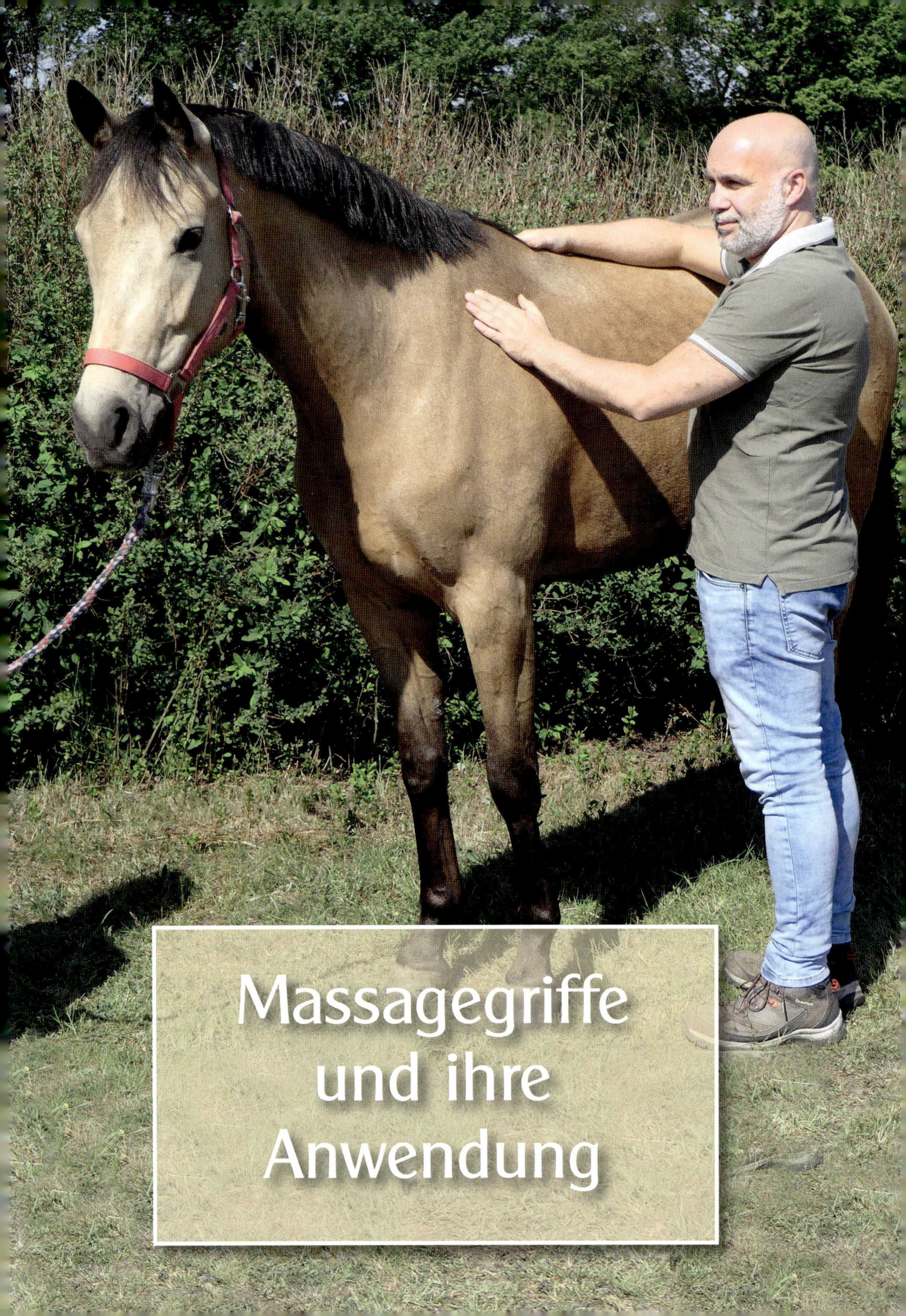

Massagegriffe und ihre Anwendung

Die einzelnen Massagegriffe und ihre Anwendung

Nach der Geschichte und den Zusammenhängen und Vorgängen im Pferdekörper, kommen wir nun zum Kernthema dieses Buches, den einzelnen Massagegriffen und wo wir diese anwenden.
Grundsätzlich ist vorab anzumerken, dass die korrekte Ausführung der Massagegriffe ausschlaggebend für deren Wirkung ist!

Wir merken uns:
Oberflächlich, rasch und sanft ausgeführt, erhöhen Massagen den Muskeltonus (Spannungszustand der Muskulatur)

Tief, kräftig und langsam wirken sie entspannend.

Die Massage hat heilende Wirkungen:

- Sie beeinflusst die Blut- und Lymphzirkulation.
- Die Muskeln werden elastischer und besser ernährt.
- Die Nerven leiten beruhigende Signale an das Gehirn.
- Innere Organe werden reflektorisch mit beeinflusst.
- Durch die Entspannung kommt es zur Schmerzlinderung.
- Sogar das Immunsystem wird gestärkt.
- Sie trägt zur Verbesserung des Stoffwechsels bei.

In der klassischen Massage finden wir fünf Massagegriffe bzw. Massagetechniken, deren Abfolge die eigentliche Massage bilden. Das Beherrschen dieser fünf grundlegenden Techniken ist die Mindestvoraussetzung zur Durchführung einer effektiven Massage. Neben diesen fünf gängigen Techniken wie **Streichungen** (Effleurage), **Klopfungen** (Tapotement), **Reibungen** (Friktion), **Knetungen** (Petrissage) und **Erschütterungen** (Vibration), gibt es noch eine Vielzahl an Massagegriffen, in verschiedenen Varianten und Abstufungen, die wir Ihnen ebenfalls nahebringen möchten.

Streichungen (Effleurage)

Bei der Streichung handelt es sich um eine Technik, die sich vor allem für den Beginn und das Ende einer Massage eignet. Durch die rhythmische Bewegung wird sich das Pferd zu Beginn an die Hände des Masseurs und die vielleicht bis dahin unbekannten Berührungen gewöhnen.

Hierbei gleitet die gesamte Handfläche in langen Zügen über das Gewebe.

Je nach Druckstärke und Geschwindigkeit erreicht man eine entspannende/beruhigende oder aber anregende Wirkung. Mit tiefem Druck wirken Streichungen entspannend auf den Abtransport von Körperflüssigkeiten. Sie erhöhen nicht nur die Durchblutung, sondern auch die Elastizität und Geschmeidigkeit der Haut, da hierdurch die Talgproduktion angeregt wird.

Diese Technik ist durchaus mit anderen Techniken kombinierbar und wird während der gesamten Massage immer wieder zur Regeneration eingestreut.

Je nach Größe und Empfindlichkeit der Muskeln oder der zu behandelnden Körperregionen werden Streichungen abwechselnd mit der rechten oder der linken Hand, mit beiden Händen gleichzeitig oder aber auch nur mit den Fingerspitzen ausgeführt.

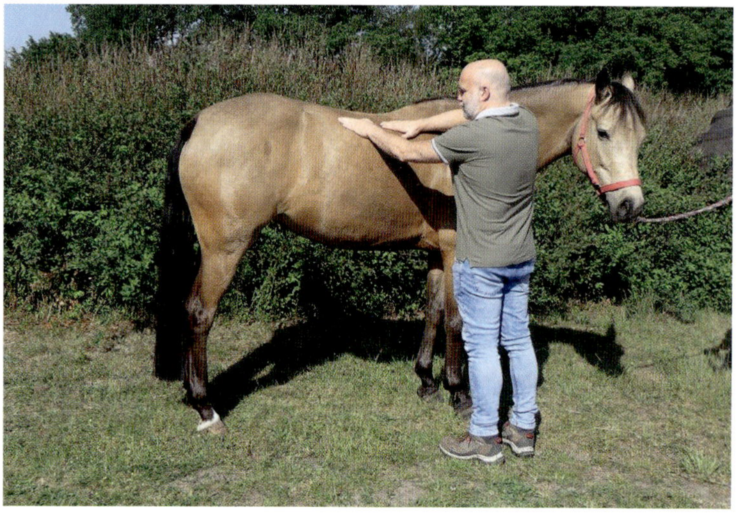

Streichungen werden immer zu Beginn, zwischen den einzelnen Techniken und am Ende einer Behandlung ausgeführt.

Bei empfindlichen Pferden werden leichte Streichungen zum Teil nur mit den Fingern durchgeführt.

Tiefer gehende Streichungen.

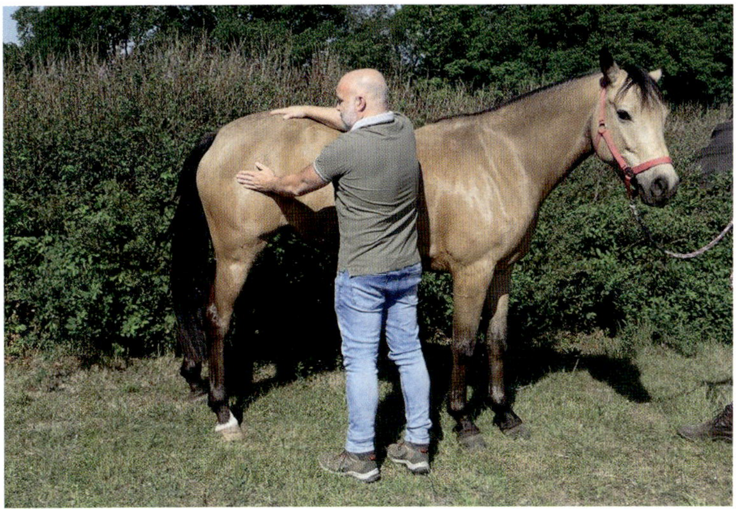

Leichte Streichungen an der Hinterhand.

Klopfungen (Tapotement)

Dieser Begriff aus dem Französischen bedeutet so viel wie »gegen etwas klopfen/tätscheln« (tapoter) und umfasst verschiedene, einzelne Techniken:

- Festes Klopfen/Hacken mit der Handkante.
- Hacken mit gespreizten Fingern, auch Peitschungen genannt.
- Leichtes Klopfen mit den Fingern.
- Klopfen mit der hohlen Hand, so dass die Fingerspitzen und Handballen benutzt werden.
- Klopfen mit der Unterseite der Faust.

Diese Massagetechnik dient zur Förderung der Durchblutung und zur Verbesserung des Muskeltonus oder aber um Verspannungen zu lockern bzw. zu lösen.

Die Muskeln lösen sich, da das Gewebe besser durchblutet wird und somit Schlackestoffe und Toxine (Stoffwechselgifte) abtransportiert werden.

Hierbei werden die Finger, die Handkanten oder aber die Hohlhand, je nachdem, für welche Technik wir uns entscheiden, auf die zu behandelnde Stelle am Pferdekörper aufgesetzt. Wir beginnen beidhändig abwechselnd mit der Massage, indem wir diese nun leicht klopfend über die zu behandelnde Partie führen. Ganz entscheidend ist hierbei die Intensität der Klopfungen. Es ist dringend von einem zu starken Einsatz abzusehen, ganz besonders im Bereich von Brust und Herz, über den Rippenwölbungen und an allen knöchernen Vorsprüngen wie zum Beispiel Hüfthöcker, Sitzbeinhöcker usw. Für welche Art der Klopfung wir uns entscheiden ist im Wesentlichen von der Größe der zu behandelnden Körperpartie bzw. des Muskels abhängig, aber dazu später mehr. Wir sollten stets den Kopf des Pferdes im Blick haben, um die Reaktion unseres Pferdes einschätzen zu können. Sollte es uns Unbehagen signalisieren, ist diese Technik zu beenden oder aber die Intensität zu reduzieren. Diese Massagetechnik kombinieren wir immer wieder mit anderen.

Mit Klopfungen kann man die Haut behandeln, aber auch einen ganzen Muskel.

Im Bereich der Lunge kann Tapotement zur Schleimlösung führen, wobei dies ein Punkt ist, der unserer Meinung nach unbedingt in die Hände eines ausgebildeten Therapeuten gehört.

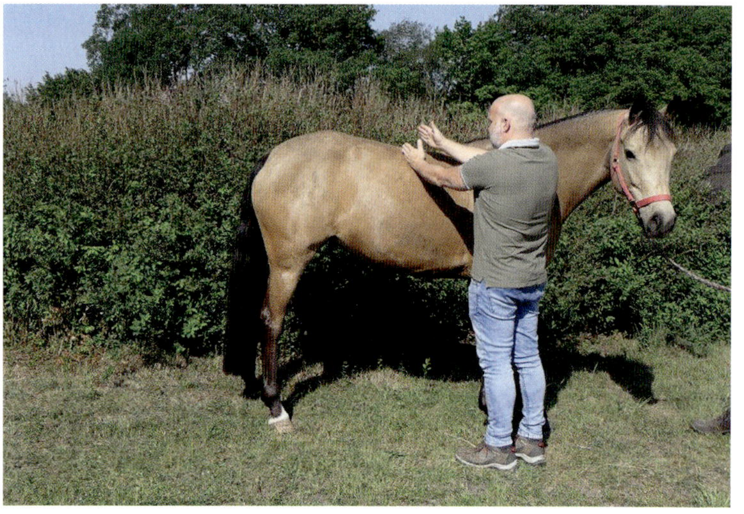

Hackungen mit der Handkante (kann aggressiv sein).

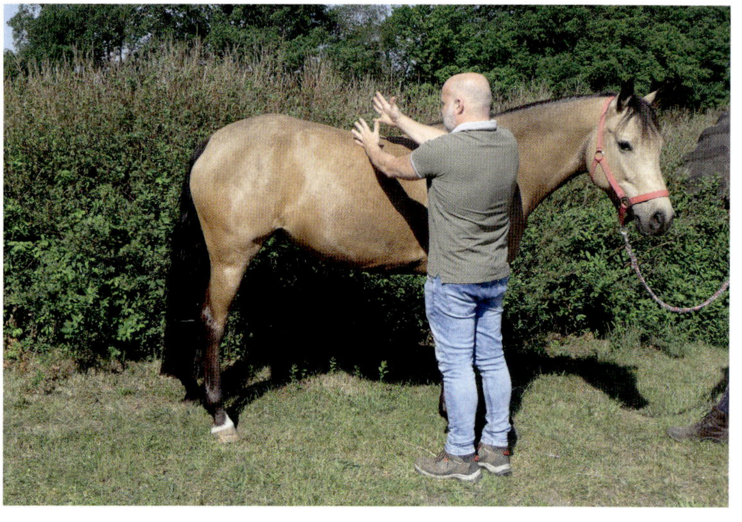

Hackung oder Peitschungen mit gespreizten Fingern.

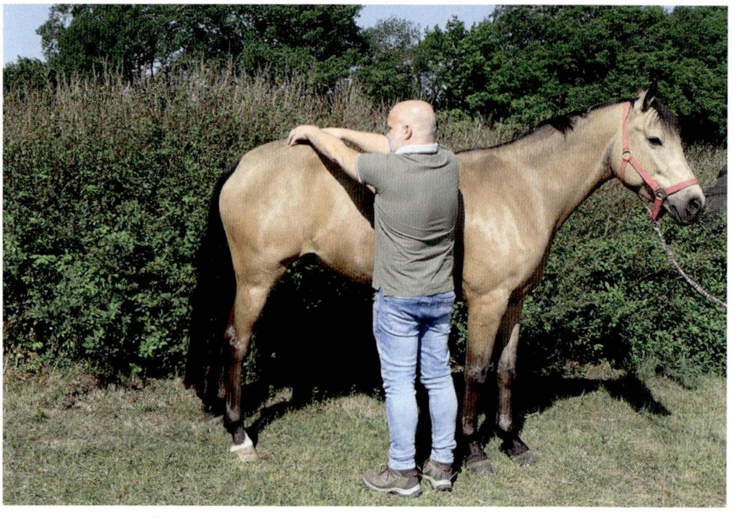

Leichtes Klopfen mit den Fingern.

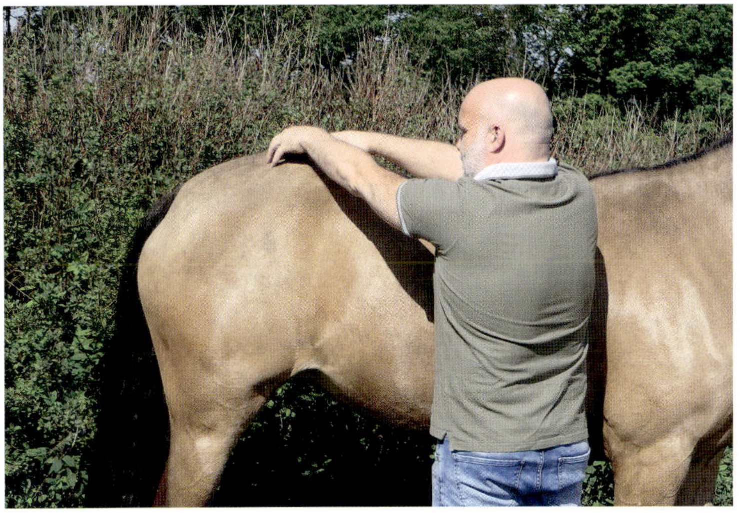

Klopfen und Streichungen kombiniert mit den Fingern.

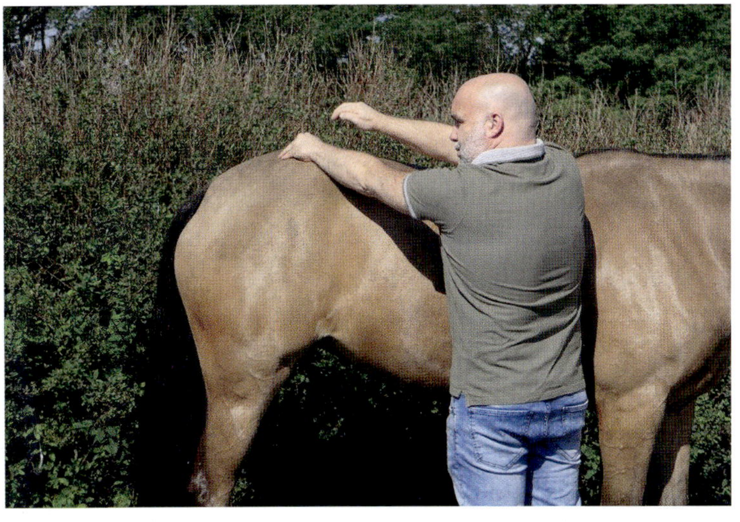

Klopfen mit der hohlen Hand.

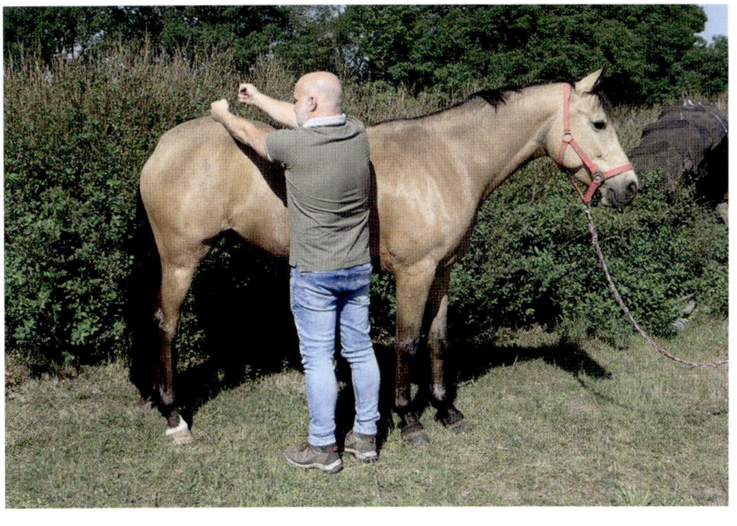

Klopfen mit der Unterseite der Faust.

Reibungen (Friktion, Querfriktion oder engl. Deep Friction)

Dieser Bestandteil der klassischen Massage wirkt hyperämisierend (verstärkte Durchblutung) auf das behandelte Gewebe, löst vor allem Verklebungen und unterstützt den Abtransport von Stoffwechselschlacken.

Wir unterscheiden zwischen der Finger- und der Daumenfriktion, es ist aber auch gängig, den Handballen zu nutzen.
Wir bewegen hierbei die Finger immer quer zum Faserverlauf der Muskeln. Dies kann unterbrochen werden durch kleine kreisende Bewegungen auf der zu behandelnden Stelle, beginnend mit einem leichten Druck, um uns und unser Pferd damit vertraut zu machen. Wichtig ist, sich genau den Faserverlauf der zu massierenden Muskeln zu merken. Nur dann kann quer zur Faser massiert/gerieben werden und sich ein Erfolg einstellen. Bei etwas Gefühl für die Methode und Zeichen des Wohlbehagens bei unserem Pferd, steigern wir langsam, aber stetig die Druckstärke.

Vielleicht haben Sie diese Technik selbst einmal bei einer physiotherapeutischen Behandlung kennengelernt. Dann haben Sie sicher eine Ahnung davon, wie schmerzhaft sie sein kann.
Aber keine Scheu: Wird diese Technik fachgerecht ausgeführt, können Sie davon ausgehen, dass sich die Verklebungen der Muskelfasern lösen. Ganz ohne Schmerzen wird das für unser Pferd nicht gehen, aber den Erfolg werden Sie unmittelbar nach dieser Massageform bemerken. Die auftretenden Schmerzen sollten erträglich bleiben und dürfen nicht zu massiver Abwehr führen. Auch hier ist immer wieder die Reaktion unseres Pferdes im Auge zu behalten. Ist diese erhöht abweisend, ist die Friktion sofort zu beenden.

Eingesetzt wird die Reibung vor allem dann, wenn es darum geht, Verklebungen einzelner Muskelfasern, Verhärtungen und Verspannungen zu lösen. Wir sollten auch bedenken, dass wir ausschließlich die oberflächlichen Muskeln behandeln können (an die tiefer gelegenen Muskeln kommen wir, bis auf wenige Ausnahmen, nicht heran). Dies gilt im Übrigen für alle hier vorgestellten und beschriebenen Massagegriffe.

Die Querfriktion stärkt in besonderem Maße die Durchblutung des zu behandelnden Gewebes und löst Entkrampfung aus. Auch hier ist, wie bei den anderen Techniken, anzumerken, dass die Friktion immer wieder unterbrochen wird, um sie mit den übrigen Methoden zu kombinieren.

Von der Vorstellung etwaiger Hilfsmittel, wie zum Beispiel Holzstäbchen, möchten wir bis auf einige Ausnahmen, die in dem entsprechenden Abschnitt vorgestellt werden, verzichten, da diese eine nicht zu unterschätzende aggressive Wirkung auf die Muskulatur haben. Wir benutzen hier ausschließlich unsere Hände! Hilfsmittel gehören in die Hände ausgebildeter Therapeutinnen und Therapeuten.

> **Achtung**
> Einschränkungen und Probleme, die von tieferliegenden Muskeln herrühren, gehören eher in die Hände von Kolleginnen/Kollegen mit entsprechender Ausbildung.
>
> Da kommen dann meist auch neben konventioneller Massage andere Therapien wie zum Beispiel
>
> **DRY NEEDLING,**
> **Ultraschalltherapie**
> und/oder **Laser**
> zum Einsatz.

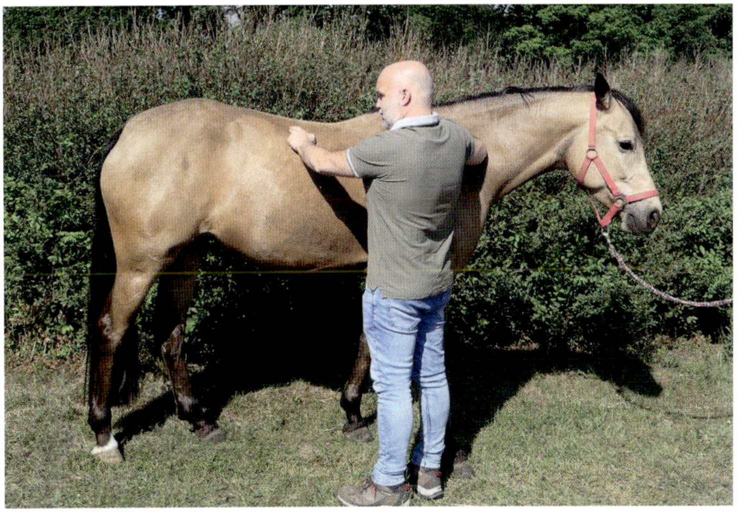

Querfriktion am langen Rückenmuskel mit dem Mittelfinger.

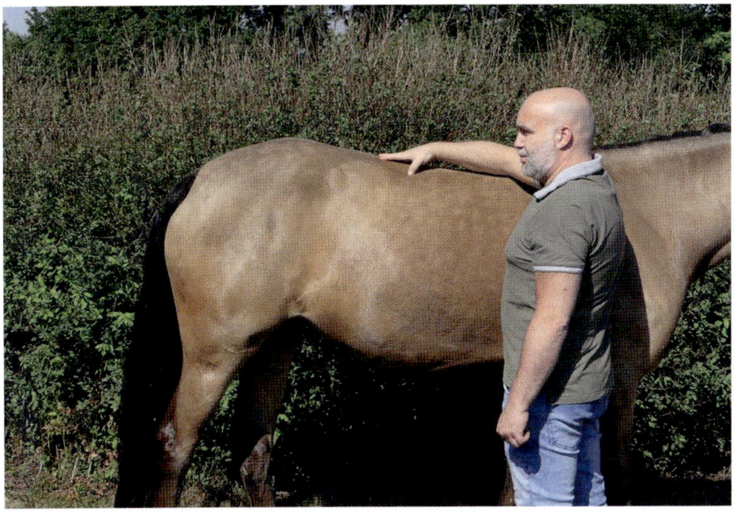

Querfriktion mit dem Daumen.

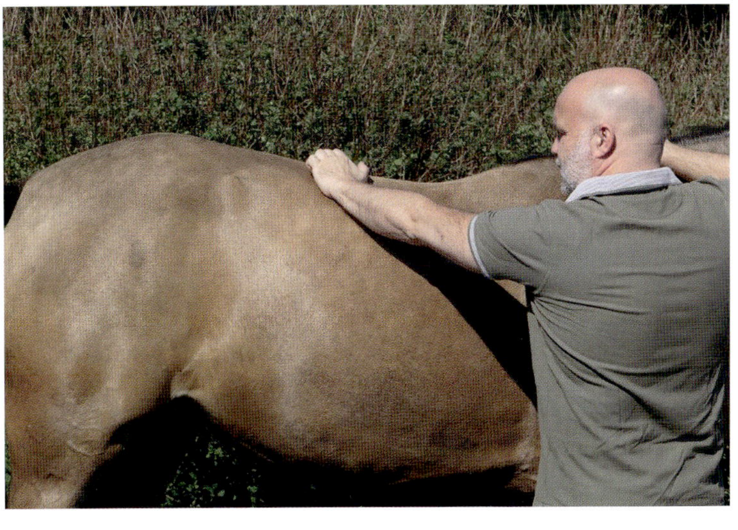

Querfriktion mit dem Handballen (wirkt etwas sanfter).

Knetungen (Petrissage vom franz. petrir/kneten)

Als Petrissage bezeichnen wir die Form der Massage, die durch Kneten und Walken der Haut und der Muskeln erfolgt. Knetungen wirken lockernd, durchblutungsfördernd und tonussteigernd.

Hierbei verschieben wir die Muskeln systematisch quer zum Faserverlauf. Je nach Muskel arbeiten wir mit der Einhand- oder Zweihandknetung. In kleineren Bereichen können wir auch die Fingerknetung einsetzen.

Gehen wir nun näher auf die verschiedenen Möglichkeiten der Petrissage ein.
Beim Kneten wird der Massagebereich wenn möglich abgehoben, um diesen dann mit Daumen und Fingern zu bearbeiten.
Beim Walken wird Druck von oben auf die Haut und die Muskulatur ausgeübt und regelrecht gegen die Knochen gedrückt, um eine bessere Durchblutung des Gewebes zu erzeugen, was das eigentliche Ziel dieser Massagetechnik ist.

Wir können mit der Petrissage Verspannungen lockern, oder gänzlich lösen. Es geht hierbei nicht nur darum, Druck auszuüben, sondern Haut und Muskulatur werden auch gerollt. Wir sollten hierbei langsam und rhythmisch vorgehen, da unser vierbeiniger Freund in der Lage sein sollte, diese Art der Massage zu genießen. Um dies zu erreichen, wenden wir die Petrissage niemals zu Beginn einer Massage an, sondern immer nur zwischendurch. Wobei wir wieder einmal bei dem Hinweis wären, sämtliche Techniken abwechselnd anzuwenden und miteinander zu kombinieren. Am Ende der Petrissage ist ein unbedingtes Ausstreichen zur Regeneration geboten. Als wichtigen Hinweis sollten wir uns immer vor Augen führen, dass diese Form der Massage stets behutsam angewendet wird.

Schüttelungen/Vibrationen

Diese beiden Arten der Massage sind als muskellockernd anzusehen.
Bei der Schüttelung wird der Muskel locker mit einer Hand gegriffen und geschüttelt. Unsere freie Hand sollte in der Nähe der schüttelnden Hand auf dem Körper des Pferdes ruhen.

Bei der Vibration sind die Auswirkungen ähnlich, jedoch sind die Bewegungen sehr viel feiner.

Wir setzen die Spitzen der Finger oder auch die flache Hand auf die zu behandelnde Körperstelle und erzeugen durch leichte Bewegung ein Zittern der Muskulatur. Bei beiden Techniken dehnt sich der dabei erzielte Effekt nicht nur auf das oben liegende Gewebe aus, sondern auch auf die Regionen, die weitaus tiefer liegen.
Die Schüttelung/Vibration gilt als sanfte Form der Massage und dient zur Lockerung der Muskulatur. Wir wenden diese Art der Massage nicht direkt zu Beginn der Therapie an, sondern streuen sie immer wieder, ähnlich dem Ausstreichen, mit ein, oder setzen sie gar an das Ende unserer Behandlung, um noch einmal eine ganzheitliche Lockerung und Wohlbefinden zu erzielen. Aber Vorsicht! Wir finden für die Vibration viele Hilfsmittel, die doch eher dem Wellnessbereich zuzuordnen sind, da sie fast ausschließlich eine oberflächliche Wirkung erzeugen. Für die tiefer liegenden Probleme sollten wir dementsprechend nur unsere Hände benutzen. Diese Hilfsmittel stellen auch einen nicht unerheblichen Kostenfaktor dar, können aber für die Entspannung nicht schaden.

Diese fünf Massagetechniken bilden den Rahmen der klassischen Massage. Es gibt allerdings noch einige andere Techniken, oder aber Unterarten, die wir der Vollständigkeit halber hier nicht vergessen wollen.

Abheben des Brustmuskels als Knetung, kann auch bei Schüttelungen wirken.

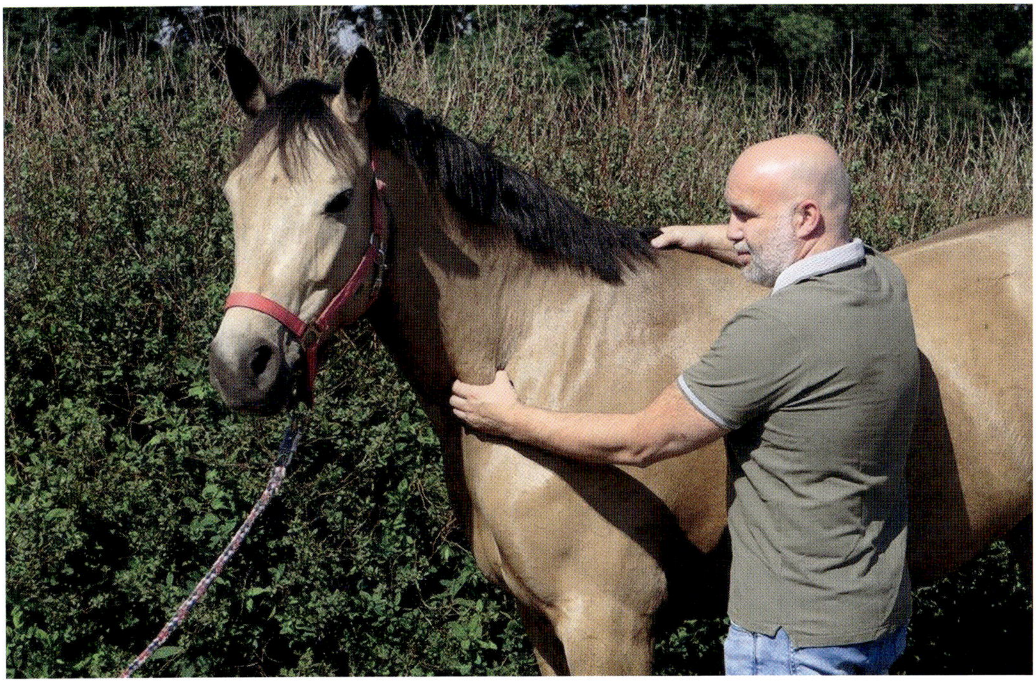

Abheben des Hals-Kopfmuskels als Knetung, wirkt auch bei Schüttelungen.

Harkengriff

Dieser wirkt hyperämisierend (Durchblutung fördernd) auf die Haut und tiefer liegende Schichten. Dabei formen wir die Hand zu einer Harke und die Finger (ohne Daumen) werden in langen gleichmäßigen Strichen als Zinken über die Haut gezogen. Hierbei handelt es sich um einen sehr wichtigen und effektiven Griff im Bereich der Zwischenrippenräume und bei chronisch hustenden Pferden.

Hobelgriff

Auch dieser Griff wirkt, ähnlich wie der Harkengriff, hyperämisierend (Durchblutung fördernd), hautreizend und eignet sich gut in dessen Kombination. Wir führen hierbei unseren Handrücken in langen und gleichmäßigen Strichen über den Körper des Pferdes.

Hautrollungen

Die Hautrollungen lösen Verklebungen. Wir legen beide Hände parallel zueinander auf das Pferd. Nun krabbeln unsere Hände vor und ziehen den Daumen hinter sich her. Es bildet sich zwischen Fingern und Daumen eine Hautfalte. Durch das Vorwärtswandern ziehen wir die Hautfalte sanft mit. Dabei wandern wir immer in Fellrichtung, mit anfänglich geringem Druck und achten dabei, wie bei allen anderen Methoden auch, auf Schmerzäußerungen unseres Pferdes. Aber Vorsicht: Mit zunehmendem Druck kann diese Form der Massage sehr schmerzhaft sein!

In ganz sanfter Form ist die Hautrollung auch als TTouch bekannt und bewirkt Positives bei:

- ängstlichen Pferden
- Pferden, die sich nicht gerne anfassen oder putzen lassen
- Pferden mit Sattel- oder Gurtenzwang

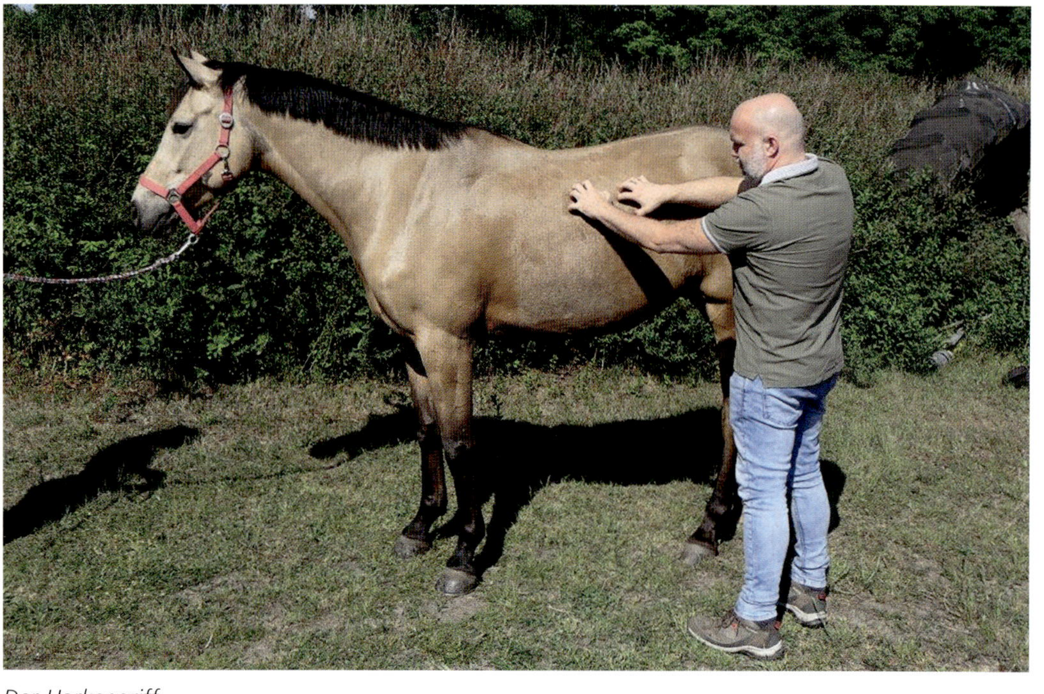

Der Harkengriff

Der Hobelgriff: Entweder mit der flachen Hand oder dem Handrücken.

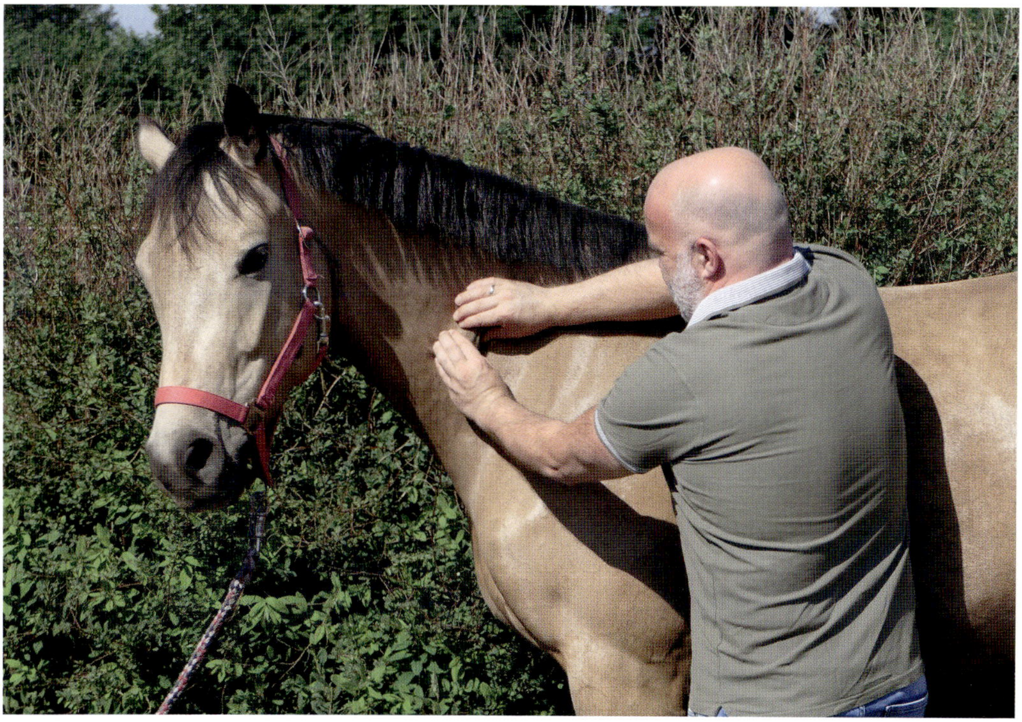

Hautrollungen wirken beruhigend, entspannend und fördern das Vertrauensverhältnis zwischen Mensch und Pferd.

- verspannten und nervösen Pferden

Die Hautrollung wirkt beruhigend, entspannend und fördert das Vertrauensverhältnis zwischen Mensch und Pferd.

Rollungen

Mit Rollungen lassen sich Verspannungen lösen. Im Gegensatz zur Hautrollung, bei der wir wie beschrieben mit Hautfalten arbeiten, umfassen wir bei der Rollung ganze Muskelstränge, die sich gut greifen lassen. Unsere Hand umgreift den Muskel in Richtung des Faserverlaufs und verschiebt ihn im Gesamten. Bei Rollungen über den Widerstand wirkt der Griff dehnend gegen Krämpfe.

Verwindungen

Diese Technik wird überwiegend an der oberen Linie des Halses und an den Beinmuskeln des Pferdes ausgeführt. Dazu benutzt man beide Hände, die sich gegeneinander bewegen und ähnlich wie beim Walken dafür sorgen, dass der gesamte betroffene Muskel durchgearbeitet wird, sich die Durchblutung nachhaltig verbessert und sich der entsprechende Bereich weicher anfühlt.

Zirkelungen

Bei dieser Form der Massage geht man nur auf sehr kleinen Flächen punktuell vor. Insbesondere in der Stresspunktmassage werden diese öfter eingesetzt, um kleinflächige Schmerzpunkte zu behandeln. Man benutzt dazu entweder den Mittelfinger oder den Daumen.

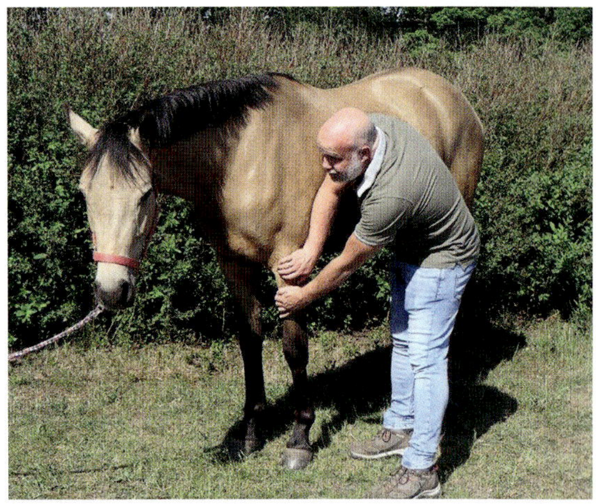

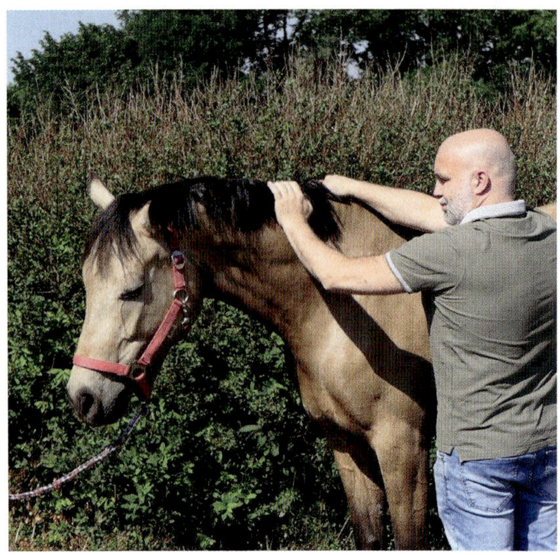

3 Bilder rechts: Verwindungen

unten:
Diese Behandlung scheint das Pony besonders zu genießen.

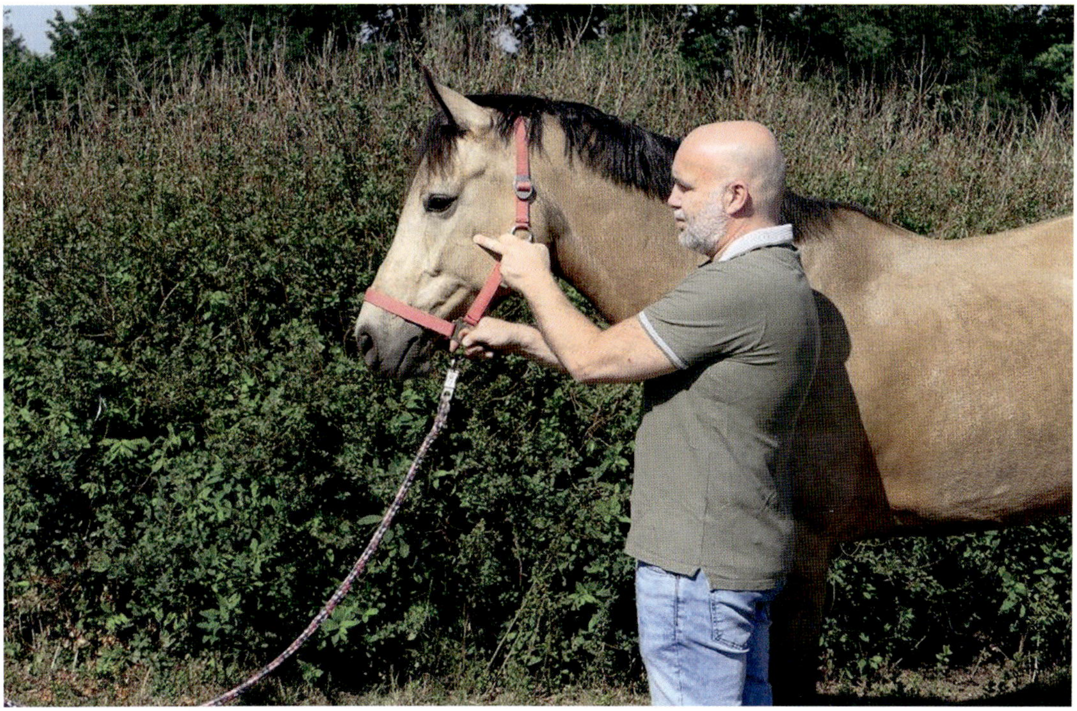

Zirkelung am Kaumuskel.

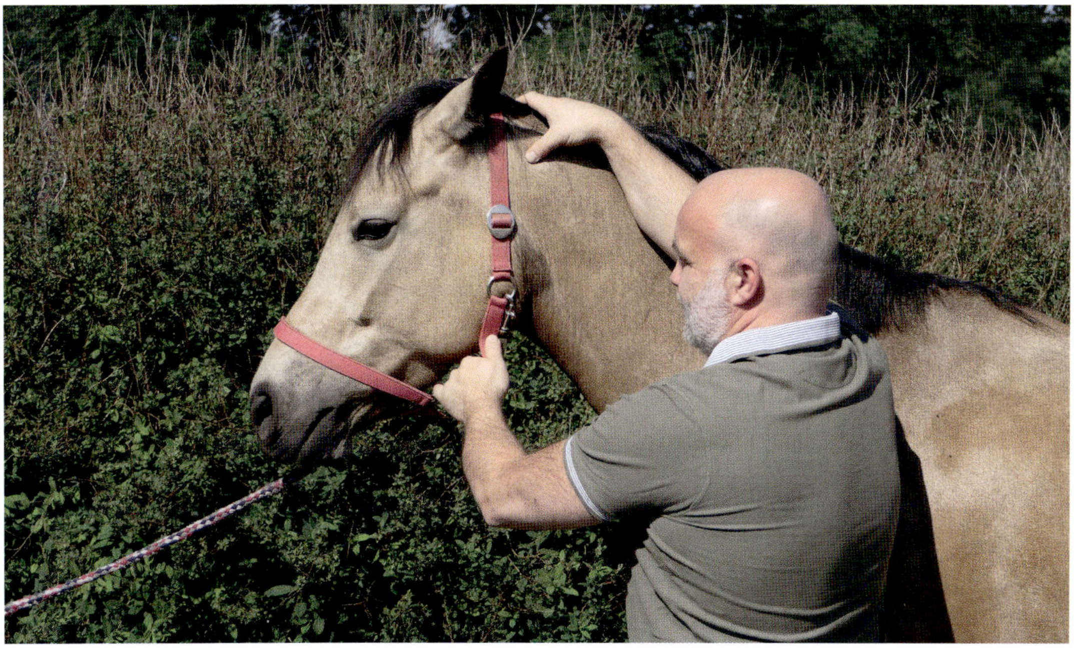

Zirkelung am oberen Halsmuskel mit dem Daumen.

Welche Griffe an welchen Muskeln?

Welche Griffe sind an welchen Muskeln besonders sinnvoll?

Als erstes muss man sich die Frage stellen, wie sich ein gesunder, nicht verspannter Muskel meines Pferdes in Ruhe und ohne vorhergehende Belastung anfühlt.
Diese Frage beantwortet sich in etwa folgendermaßen: Generell wird sich Muskulatur je nach Körperregion eher kräftig anfühlen. Die ertastbare Oberfläche sollte elastisch und meist gleichmäßig sein. Dabei kann sich der Spannungszustand der Muskeln je nach besonderer Situation (zum Beispiel Stress) manchmal fester und dann auch wieder locker anfühlen.
Je nach örtlicher Situation und je nachdem, welchen Massagegriff Sie anwenden, beachten Sie, wenn möglich, Folgendes:

Lassen Sie eine Hand immer am Pferdekörper

Beginnen wir am Pferdekopf, dort speziell am Kaumuskel.
Die meisten werden die Jochbeinleiste und deren Lage am Kopf des Pferdes kennen. Nehmen Sie einen Finger und gleiten mit leichtem Druck die Jochbeinleiste auf der unteren Seite von oben nach unten entlang. Derselbe Finger geht dann quer zum Faserverlauf des Muskels ebenfalls mit leichtem Druck bis zum unteren Rand des Kieferknochens. Sofern das Pferd hier mit Abwehr reagiert, ist meist der gesamte Muskel deutlich verspannt. Nicht selten fühlt sich das wie ein gespanntes dünnes Seil an. Wie diese Situation mit Massagetechniken verbessert werden kann, finden Sie weiter unten.
Wenn man das Pferd am Hals beginnend mit der flachen Hand abstreicht, wird man unterschiedliche wellenförmige Strukturen finden. Dies sind die Abgrenzungen der einzelnen Muskeln voneinander.
Sofern Sie mit geringem Druck beginnen, wird das Pferd dies meist problemlos akzeptieren. Gehen Sie über dieselbe Fläche nun mit deutlich intensiverem Druck. Versucht das Pferd an einer oder mehreren Stellen dem Druck auszuweichen oder es beginnt plötzlich mit Hautzittern, so kann man davon ausgehen, eine lokale Muskelverspannung gefunden zu haben.
Dies alles gilt auch an den meisten anderen Stellen des Körpers. Vor allem aber am gesamten Rücken. Dort findet dann im schlimmeren Fall nicht nur Hautzittern, sondern auch ein Absenken des gesamten Rückens oder eines Teiles davon statt.
Gehen Sie nun am Pferdekörper weiter und erreichen die Kruppenregion, so wird sich dieser Bereich meistens recht fest anfühlen. Hier Verspannungen zu lokalisieren ist nicht so einfach und bedarf einiger Übung. Anders verhält es sich an den Muskeln (m. semitendinosus, m. semimembranosus, Sitzbeinmuskeln), die neben dem Schweif bis in die Beinregion verlaufen. Diese Muskeln fühlen sich fast immer sehr weich an. Trotzdem ist es gar nicht so selten, dass sich dort ebenfalls lokale Verspannungen gebildet haben.
Die Betrachtung der Beinmuskeln an der Seite Richtung Buggelenk sowie die jeweilige Rückseite des jeweiligen Beines zeigen uns fast immer sehr feste Muskeln, die auf direkten, flächigen Druck selten deutlich reagieren. Erst wenn man das Bein anhebt und die normale Grundspannung der Muskeln etwas reduziert wird, ergeben sich hier durch Abwehr manchmal Hinweise auf eine notwendige Massage.
Welche einzelne Technik bzw. welcher Griff und in welcher Abfolge an den jeweiligen Körperregionen sinnvoll sein kann, ist im Folgenden nachzulesen.
Als nächstes stellt sich die Frage: Was beeinflusst das Ergebnis meiner Massagen bzw. in welcher Abfolge soll ich mit meiner Massage beginnen?
Der erste Punkt ist, wie schon oft angeführt:

Fühlen mit den Händen

Danach wird entschieden, mit welchem Druck man beginnt, anschließend mit welcher Geschwindigkeit man arbeitet. Erst jetzt werden die verschiedenen Techniken am Pferdekörper eingesetzt.

Kaumuskel m. masseter: Immer erst abstreichen, dann leichter Fingerdruck an der unteren Jochbeinleiste entlang, Querfriktion über den gesamten Muskel. Hier immer mit langsamen Bewegungen das Pferd überzeugen. Die allermeisten Pferde erkennen schnell, wie angenehm sich Entspannung an der manchmal sehr festen Kaumuskulatur anfühlen kann.

Hinweis: Verspannte Kaumuskulatur kann, neben anderen Ursachen, der Grund dafür sein, dass trotz weicher ständig nachgebender Reiterhand das Pferd versucht, sich den Einwirkungen deutlich zu entziehen. Sofern sich das auch nach korrekter Massage nicht bessert, sich vielleicht sogar noch verschlechtert, müssen weitere Untersuchungen erfolgen. Manchmal sind es Zahnprobleme, die zu den oben beschriebenen Reaktionen führen oder auch, was weniger beachtet wird, dass das Zungenbein fest ist. Die damit verbundenen Untersuchungen und/oder Behandlungen sind nur von ausgebildeten, am besten erfahrenen Pferdetherapeuten durchzuführen.

Kopfregion

Manche Pferde mögen sich nicht gerne in dieser Region anfassen lassen. Hier hilft nur Geduld und langsam einschleichend vorzugehen.

Sie stehen vor dem Pferd und legen Ihre Hand auf den Bereich zwischen den Pferdeaugen. Gleiten Sie dann zwischen den Ohren langsam mal nach rechts, mal nach links. Dies immer ohne Druck, fast wie Streicheln. Wenn das vom Pferd toleriert wird, verstärken Sie den flächigen Druck und gehen in Reibungen über.

Hier erkennbar die Jochbeinleiste. Die Massage wird, wie beschrieben, unterhalb der Jochbeinleiste mit kleinen Zirkelungen und/oder flächigen Reibungen begonnen.

Flächiges Reiben eventuell auch mit leichtem Druck – je nach Reaktion des Pferdes.

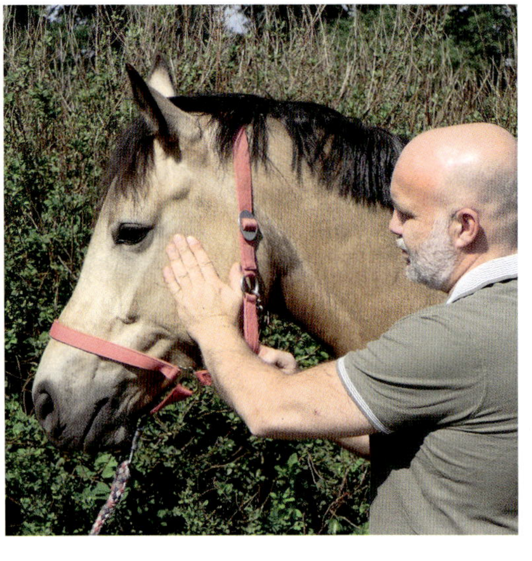

Leichte Reibungen auf der Kopffläche.

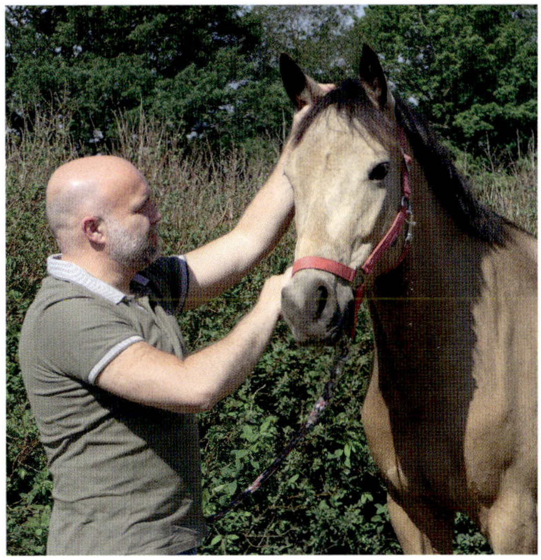

Leichter Zug beginnend am Ohrgrund, der sich nach schräg oben fortsetzt.

Jetzt treten Sie neben das Pferd und beginnen an den kleinen Kopfgelenken bzw. an den sich darüber befindlichen gut tastbaren Muskeln mit leichten Drückungen mittels Handballen und gehen über in leichte Reibungen mit den Fingern. Wenn dabei heftige Abwehr kommt, diese Region verlassen und wie sonst schon angesprochen an eine Stelle gehen, an der das Pferd die Behandlung genießt.

Da viele Pferde in diesem Körperbereich stärkere Verspannungen aufweisen empfiehlt es sich, die genannten Behandlungen, Drückungen mittels Handballen und Reiben mit den Fingern mehrfach zu wiederholen.
Wenn das Pferd sich dann von selber gegen die Hand des Masseurs drückt, haben Sie ein tolles Ergebnis erzielt.
Pferde merken sehr schnell, auch bei anfänglichen Schmerzen, wenn sich die Verspannung löst. Neben dem Gegen-die-Hand-Drücken sieht man oft ein Kauen, Gähnen und andere Signale des Wohlbefindens.

Hals: Erst flächig und leicht abstreichen, dann so tief wie möglich. Wenn das Pferd es zulässt, den m. brachiocephalicus, (Arm-Kopf-Muskel) abheben und leicht kneten. Danach Hautrollungen, leichtes Klopfen mit den Fingern, unterbrochen von Streichungen. Wenn an einer Stelle deutliche Abwehr stattfindet, beginnend mit leichtem, direktem Druck mittels Daumen, Mittel- oder Zeigefinger die betroffene Stelle massieren. Dann kann der Druck zunehmend intensiver werden.

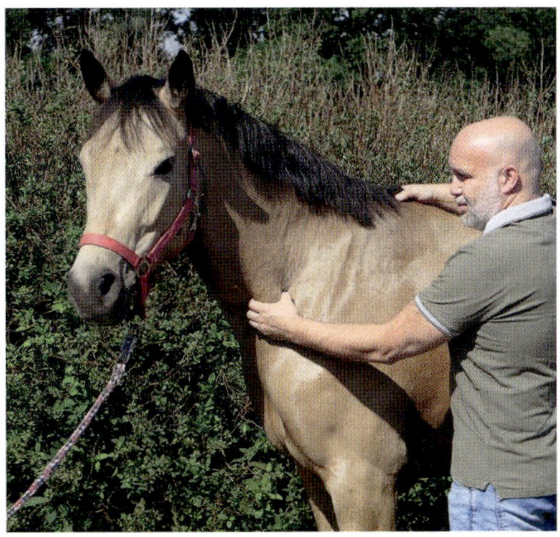

Abheben des Arm-Kopf-Muskels.

Wenn das Pferd sich gegen die massierende Hand wehrt, Unwillen oder sonstige Abwehr zeigt, gehen Sie an eine Stelle, an der es die Berührung genießt. Halten sich dort mit Ihren Händen auf. Die Region sanft abstreichen und dann wieder zu dem Bereich gehen, der bis dahin mit Abwehr verbunden war. Meistens können Sie dort nun mit deutlich weniger Abwehr rechnen.

Dabei die betroffene Region immer wieder mit flächigen Streichungen mit dem Handballen oder der inneren Handfläche behandeln.

Hinweis: Geht man etwa zweidrittel des Halses hinunter, kann man mit etwas Druck knöcherne Strukturen finden. Hier sind die Querfortsätze der Halswirbelsäule. Dort darf kein Druck stattfinden. Es dürfen nur leichte Streichungen ausgeführt werden.

Etwa in dieser Höhe des Halses liegen die Querfortsätze der Halswirbelsäule. Dort keine tiefen Massagetechniken anwenden.

Ebenso verhält es sich kurz vor dem Genick des Pferdes. Dort sind die Atlasflügel des Pferdes. Manchmal sind sie sichtbar, manchmal nicht, aber immer fühlbar. Natürlich ist auch dort kein Druck zu empfehlen.

In etwa hier liegt der Atlasflügel, er wird nicht massiert.

Hals gesamt: Schaukeln des Halses durch eine Hand an der Oberlinie, die andere Hand befindet sich unterhalb des Halses. Dann kräftig den ganzen Hals schaukelnd bewegen.

Hals-Oberlinie: Verwinden der ganzen Struktur, direkt hinter dem Atlas beginnend und bis zum Widerrist. Bei dieser Massage wird nicht nur die beteiligte Muskulatur verwunden oder besser noch gedehnt, sondern auch das lange Nackenband, das vom Genick bis weit über den Rücken verläuft, behandelt.
Diese Behandlung empfiehlt sich besonders bei Pferden, die trotz optimaler reiterlicher Hilfengebung immer wieder den Kopf hochnehmen, manchmal sogar wegstürmen oder plötzlich nicht mehr vorwärtsgehen wollen.

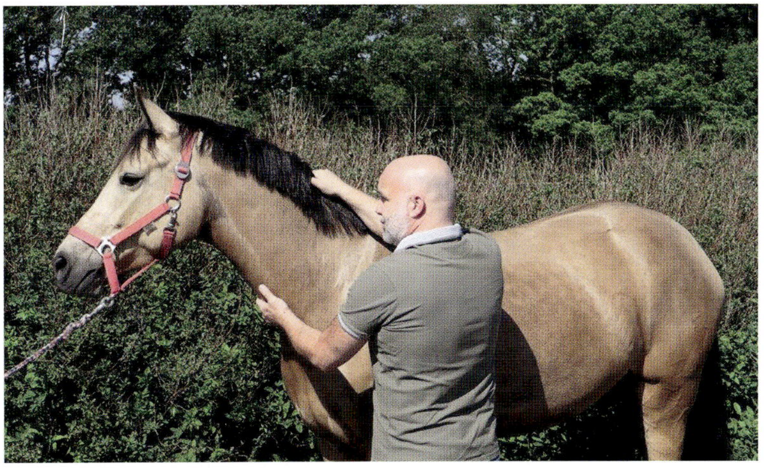

Schaukeln des gesamten Halses.

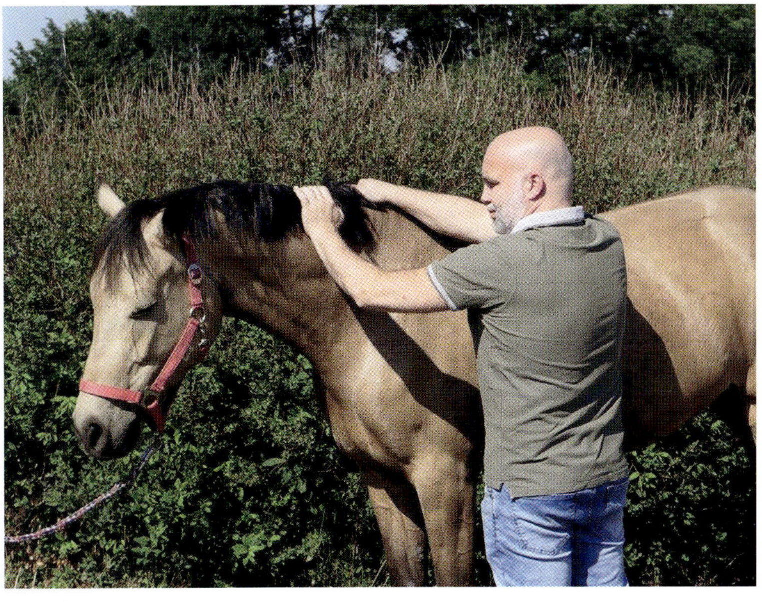

Hals-Oberlinie: Hier sieht man, wie sehr das Pferd die Verwindung an der Oberlinie des Halses genießt.

Brustmuskel, m. pectoralis sup.

Die Situation der Brustmuskulatur zeigt sich meist auch in der Oberfläche weicher. Trotzdem bieten sich hier insbesondere Knetungen in unterschiedlicher Intensität an. Unterschiedlich deshalb, weil jedes Pferd anders auf die massierende Hand reagieren wird.

Achtung: Am Buggelenk ist keinerlei Massagetechnik anzuwenden.

Masssage der Brustmuskulatur.

Am Buggelenk sollte keine Massage angewandt werden.

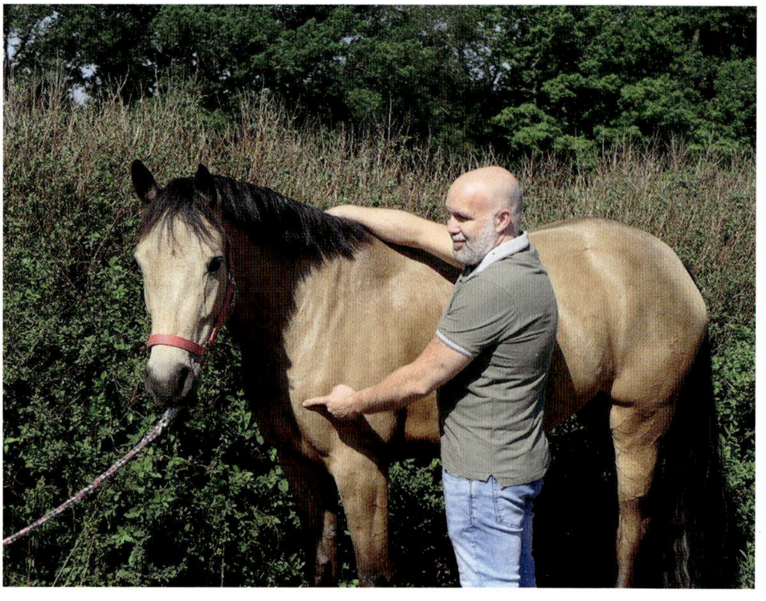

Region neben dem Widerrist

Hier trifft man auf den trapezförmigen Muskel, m. trapezius, der den m. rhomboideus teilweise überlagert. Der Trapezius und die folgenden Muskeln im Verlauf des Pferderückens sowie die tiefer liegenden Muskeln sind die ersten, die den Sattel spüren.

Man beginnt mit sanften Streichungen über den gesamten Bereich von oben nach unten und von vorne nach hinten bis an die Stelle, an der der Rücken beginnt.

Um eine Verspannung festzustellen, geht man nun mit dem Daumen oder dem Mittelfinger in kreisenden Bewegungen über den gesamten Muskel. Aus Erfahrung kann festgestellt werden, dass dieser Muskel und der darunter liegende bei fast allen Pferden intensive Verspannungen aufweisen kann. Bei den genannten Bewegungen wird man je nach Druckintensität der Finger leichtes Hautzittern bis hin zu heftiger Abwehr erleben können.

Ganz besonders bei einem Sattel mit zu enger Kammer oder bei einem generell nicht passenden Sattel kann man hier Probleme erzeugen, wenn nicht eingehend auf Passform und Lage des Sattels geachtet wird.

Leider haben die genannten Muskeln, wie in der täglichen Praxis oftmals erlebt, selbst bei vermeintlich angepassten Sätteln viel Schmerzen zu erleiden.

Demzufolge bitte immer wieder den Bereich abstreichen und kontrollieren, damit es nicht wie vorgenannt zu solchen Problemen kommt.

Wenn eine Verspannung erkennbar ist, mit Zirkelungen und soweit das Pferd es zulässt, auch in die Tiefe massierend vorgehen. Abschließend die Region mit intensiven Streichungen verlassen.

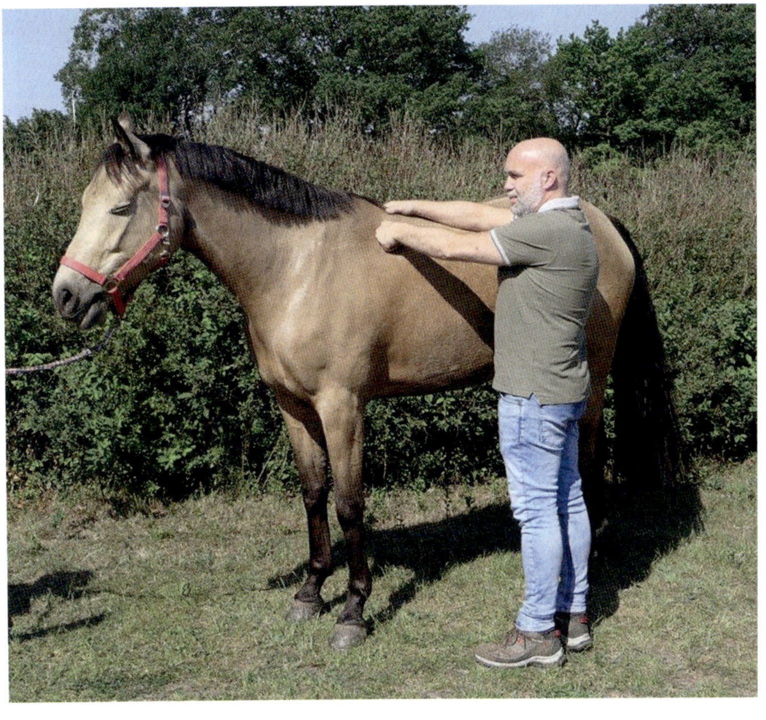

Auch bei direktem Druck auf den Trapezmuskel reagiert das Pferd mit entspanntem Gesicht, wie hier deutlich zu sehen ist.

Schultermuskeln m. supraspinatus, m. infraspinatus

Die Muskulatur über dem Schulterblatt ist meistens dünner angelegt. Wir beginnen mit Daumen und/oder Mittelfinger den Bereich zu erkunden und klären ab, ob sich dort muskuläre Probleme entwickelt haben. Eine Besonderheit ist zu beachten: Das Schulterblatt wird durch die Schulterblattgräte sozusagen in den zum Hals und den zum Rumpf gelegenen Teil unterteilt.

Achtung: Schulterblattgräte **spina scapula**

Wenn der Bereich untersucht und mit Drückungen der glatten Faust behandelt wird, ist der Verlauf der Schulterblattgräte auszusparen. Dort Druck aufzubringen mag das Pferd nicht und Ihnen wird die Faust schmerzen.

Sonst sind Drückungen und Streichungen zur Bearbeitung des Schulterblatts die richtige Technik.

Eine Besonderheit, auf die wir hinweisen möchten: Wenn Pferde stürzen oder sich festgelegen haben, ist sehr oft die Schultermuskulatur mit betroffen. Bevor Sie dann mit Massagen beginnen, stimmen Sie sich mit dem behandelnden Tierarzt ab und erfragen, ab wann eine Massage sinnvoll ist. Der Heilungsverlauf nach solchen Prellungen mit Blutergüssen und/oder Zerrungen kann durch geeignete Massage zum richtigen Zeitpunkt deutlich verbessert werden.

Wenn der Bereich untersucht und mit Drückungen der glatten Faust behandelt wird, ist der Verlauf der Schulterblattgräte auszusparen.

Drückungen und Streichungen auf dem Schulterblatt.

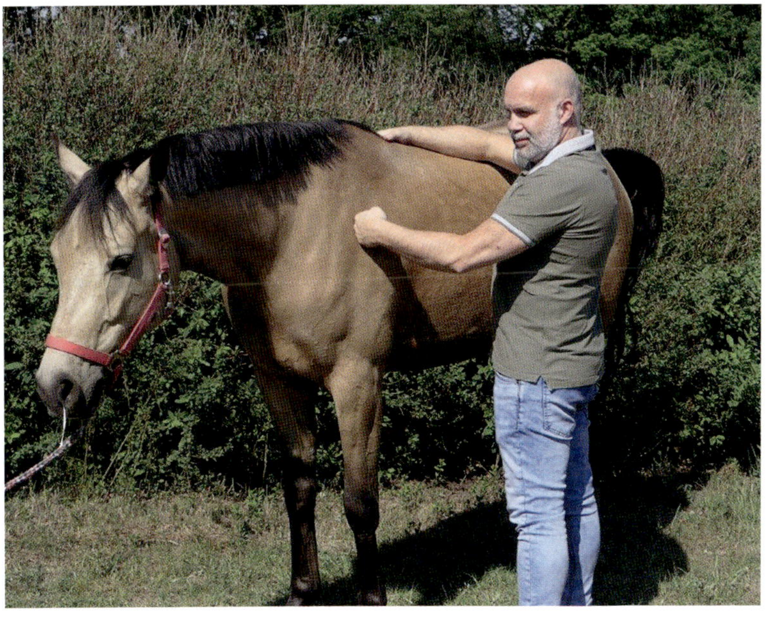

Man beginnt zunächst im Bereich der Schultermuskulatur und geht dann mit den Drückungen fast senkrecht nach unten bis auf Höhe des Ellbogenhöckers und gelangt so in den Bereich wie hier nachfolgend beschrieben.

Der dreiköpfige und der deltaförmige Muskel, m. triceps brachii, m. deltoideus

Diese beiden Muskeln gehen vom Schulterblatt kommend ineinander über und enden am Ellbogenhöcker. Aus der praktischen Arbeit ist zu berichten, dass insbesondere der Triceps verspannt sein kann. Dies ist aber nicht so einfach festzustellen, weil sich beide Muskeln meist sehr weich anfühlen und trotzdem zeigt dem Therapeuten der Bewegungsablauf, dass dort evtl. ein Problem existiert.

Erkunden Sie die Muskeln wieder mit dem Finger, indem Sie punktuell über beide Muskeln quer zum Faserverlauf in die Tiefe gehen. Gibt es Hautzittern oder intensivere Abwehr, nutzen Sie folgende Technik:
Gehen Sie mit Ihrer Faust zunächst mit punktuellen Drückungen über beide Muskeln. Danach ein zweites Mal, aber drehen Sie dabei Ihre Faust wie bei einer Verwindung. Meist werden damit verspannte Areale gelöst und das Gangbild verbessert sich.

Die erste Region neben den vorgenannten Muskeln ist die Gurtlage und danach folgend der Teil der Tragerippen. Hier empfehlen wir großflächige, in die Tiefe gehende Handstreichungen. Der Bereich der Rippen wird im Absatz »Pferde mit Atemwegsproblemen« besprochen.

Der lange Rückenmuskel, m. longissimus

Jeder Therapeut wird es bestätigen: Es gibt kaum ein Pferd, das bei der Untersuchung seines Rückens keine Schmerzen äußert. Dies kann von geringem Hautzittern über ein Wegdrücken des Rückens bis zu massiven Reaktionen, bei denen man schließlich den Eindruck bekommt, dass das Pferd sich hinlegen möchte, gehen. Bei derartig verspannten Pferden haben wir uns oft die Frage gestellt, wie es möglich ist, ein solch krankes Pferd noch zu reiten.
Der tägliche Blick in Reithallen und auf Plätzen zeigt, wie sehr unsere Pferde bereit sind, den reiterlichen

Anforderungen zu genügen, obwohl sich der untersuchenden Hand ein gravierendes Problem zeigt.

Aus der täglichen praktischen Arbeit am Pferd entstand die Empfehlung, bei derart verspannter Rückenmuskulatur, diese Region zunächst mit feuchter Wärme, wie unter den Wellnessanwendungen beschrieben, vorzubereiten.

Anmerkung: Wenn Menschen massiert werden, wird meistens erst nach erfolgter Massage Wärme aufgebracht. Da wir bei unserem Pferd aber eine Reduzierung der Schmerzhaftigkeit erreichen wollen und damit es, verspannt wie es ist, überhaupt eine Massage zulässt, gehen wir in solchen Fällen wie vorher beschrieben vor. Meist ist es nach einer solchen Vorbereitung für das Pferd wesentlich angenehmer, die jetzt folgenden Massagegriffe zuzulassen.

Wir beginnen wie immer mit langen Streichungen zuerst oberflächlich, dann so tief gehend, wie das Pferd es zulässt.

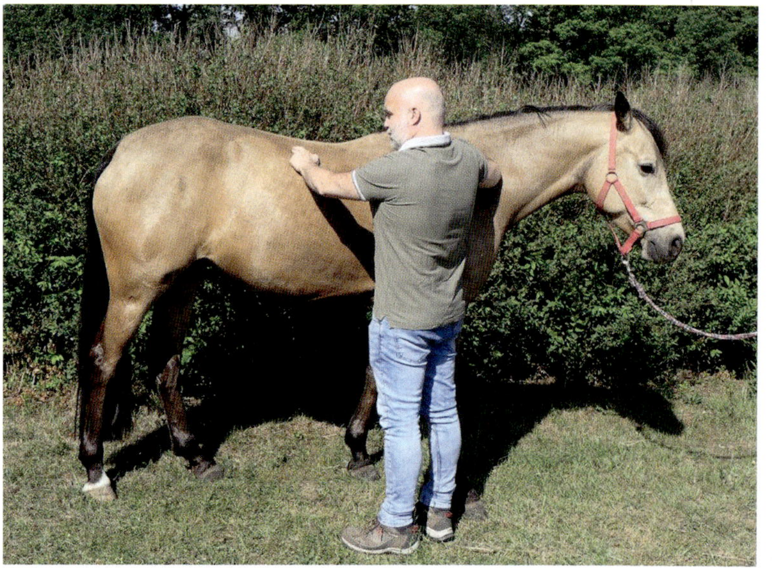

Querfriktion am langen Rückenmuskel mit dem geschienten Mittelfinger, …

… gefolgt von Drückungen mit dem Handballen.

Im nächsten Schritt wird der gesamte Muskelverlauf, direkt hinter dem Widerrist beginnend, bis weit in die Kruppe hinein mit der Querfriktion bearbeitet.

Wer selber einmal beim Physiotherapeuten Querfriktion bekommen hat kann nachempfinden, wie schmerzhaft das sein kann. Wenn dann der Schmerz nach der Querfriktion verschwindet und man sich wieder frei bewegen kann, wird das von den Betroffenen als äußerst angenehm beschrieben.

Beim Pferd ist das nicht anders. Man beginnt den Bereich mit geringem Druck und in sehr engen Ausschlägen mit dem Mittelfinger oder dem Daumen zu massieren. Im zweiten Gang versucht man so tief und so fest wie möglich die Muskulatur zu lockern.
Wie bei allen anderen Muskeln wird die Massage in diesem Bereich mit ausgiebigen Streichungen beendet.

Kruppenmuskeln, Oberschenkelmuskel m. glutaeus medius, m. biceps femoris

Nach den obligatorischen Streichungen wird diese Region mit Hohlhandklopfungen, Peitschungen und soweit möglich mit Hautrollungen bearbeitet.
In den Regionen der Kruppe bis zu den hier nachfolgend beschriebenen Muskeln mit den sehr dicken Muskelpartien sind alle beschriebenen Techniken zulässig.

Achtung: Wenn Sie in Gedanken eine Linie vom Sitzbeinhöcker zum Hüfthöcker ziehen, überqueren Sie in etwa das Hüftgelenk. Bei den meisten Pferden ist dies bei tiefem Druck auch tastbar. Bei den angewandten Techniken soll unbedingt der Druck über dem Hüftgelenk nur gering ausfallen.

Hohlhandklopfen auf der Kruppe.

Halbsehnen und halbmembranöser Muskel m. semitendinosus, m. semimembransous

Diese Muskeln, auch Hamstrings genannt, zeigen sich fast immer locker und sind trotzdem in der Tiefe verspannt. Die Techniken Knetungen, Verwindungen und natürlich Handstreichungen sind hier nützlich. Reibungen sozusagen als oberflächliche Querfriktion und abschließendes Ausstreichen beenden die Tätigkeit an dieser großen Muskelgruppe.

Allgemeiner Hinweis zur Beinmuskulatur

Wenn Sie sich bisher mit den einzelnen Zonen und den Muskeln Ihres Pferdes beschäftigt haben, werden Sie feststellen, dass sich alle Beinmuskeln des Pferdes fest anfühlen. Eine wirkungsvolle Massage ist hier nur eingeschränkt möglich, weil das Pferd nun mal sein gesamtes Körpergewicht auf seine Beine bringt. Man kann etwas mit Knetungen und/oder Verwindungen ausrichten. Dazu sollte aber, wenn machbar, ein Helfer das jeweilige Bein aufheben. Dann gelingt die Massageanwendung besser.

Eine weitere Besonderheit: Pferde mit Atemwegsproblemen

Diese Pferde beanspruchen mehr als andere die Bauch- und Zwischenrippenmuskulatur, um die verbrauchte Atemluft auszuatmen. Dabei wird dieser Muskelbereich

*Hier erkennbar: Verwindungen an der Hinterhand.
Beginnen Sie direkt unter dem Sitzbeinhöcker. Gehen Sie mit dieser und den anderen beschriebenen Techniken bis kurz vor das Sprunggelenk.*

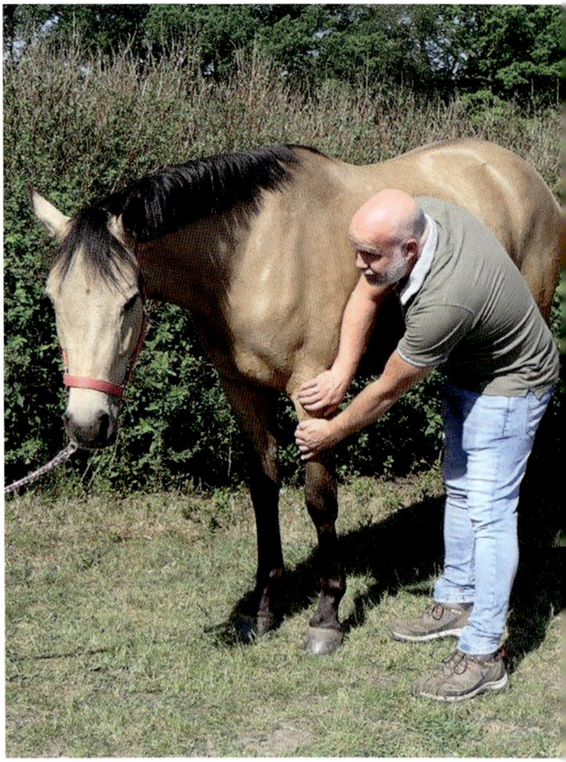

Auch an den Beinen können Verwindungen hilfreich sein.

besonders belastet. Dass da Verspannungen auftreten versteht sich fast von selbst. Durch entsprechende Massagen der betroffenen Bereiche wird man den Husten nicht behandeln, aber es gibt dem Pferd eine deutliche Erleichterung beim Ausatmen.

Besonders der Harkengriff zwischen den Rippen bietet sich bei den Pferden an, die sowohl chronisch husten als auch immer mal wieder unter Hustenattacken leiden.

Handstreichungen über den Bereich hinter dem Rippenbogen am Bauch wirken ebenfalls erleichternd für die Pferde mit diesen Problemen.

In dieser Region müssen Sie besonders vorsichtig sein. Alle Pferde schützen ihren Bauchbereich. Deshalb beginnen Sie mit geringem Druck und der flachen Hand in großen, langsam kreisenden Bewegungen. Wenn dabei schon Abwehr erfolgt, verlassen Sie diesen Bereich sofort.

Nachdem Sie nun die wesentlichen Hinweise zu den verschiedenen Massagetechniken und ihrer Anwendung am Pferdekörper kennengelernt haben, wird im nächsten Kapitel die Frage nach der Wirksamkeit einer Massage beantwortet.

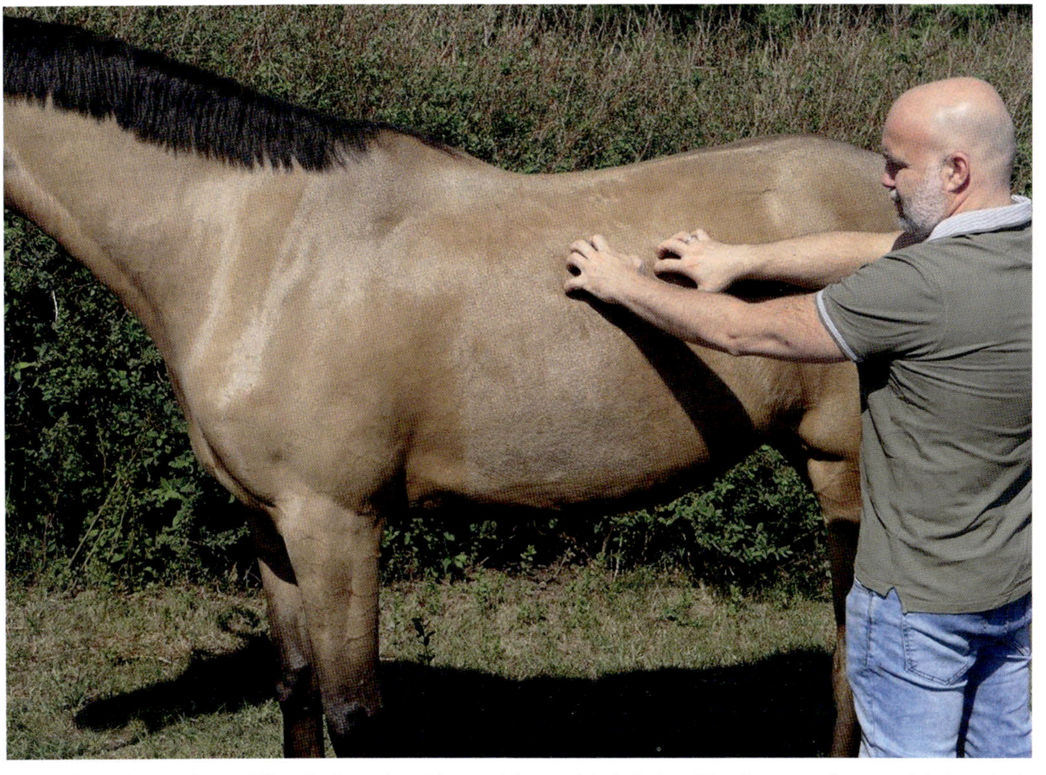

Besonders der Harkengriff zwischen den Rippen bietet sich bei den Pferden an, die sowohl chronisch husten als auch immer mal wieder Hustenattacken haben.

Welche Massagegeräte eignen sich?

Diese Frage ist nicht eindeutig zu beantworten. In vielen Fällen kann ein sinnvolles, erprobtes Gerät nützlich sein. Da unser Buch aber keine Werbeplattform für einige Gerätehersteller sein kann, wollen wir uns nur auf die Systeme beschränken, mit denen wir in der täglichen praktischen Arbeit gute Erfahrungen gesammelt haben. Oder wenn Kolleginnen und Kollegen von positiven Ergebnissen berichteten. Dies bedeutet nicht, dass Geräte von anderen Herstellern nicht gleichwertig sein können.

Ein wichtiger Grundsatz ist für uns: Vor jeder Behandlung zuerst immer die eigenen Hände einsetzen, bevor ein Gerät ans Pferd kommt. Dabei ist der jeweilige Zustand der Muskulatur des Pferdes festzustellen. Entscheidend ist es, die Spannung der Muskeln zu analysieren. Sie werden feststellen, dass an manchen Tagen der Muskeltonus (die Spannung) fester ist als an anderen. Das hängt immer mit der jeweiligen Situation des Pferdes zusammen. Hat es zum Beispiel gerade eine ruhige und stressfreie Zeit oder befindet es sich kurz vor einem Turnierstart, vor einem Stallwechsel oder steht ein anderes ungewohntes Ereignis bevor? Der Muskeltonus alleine zeigt uns dann schon oft, in wel-

Der Blue Magic als Einhand- und Zweihandmodell.

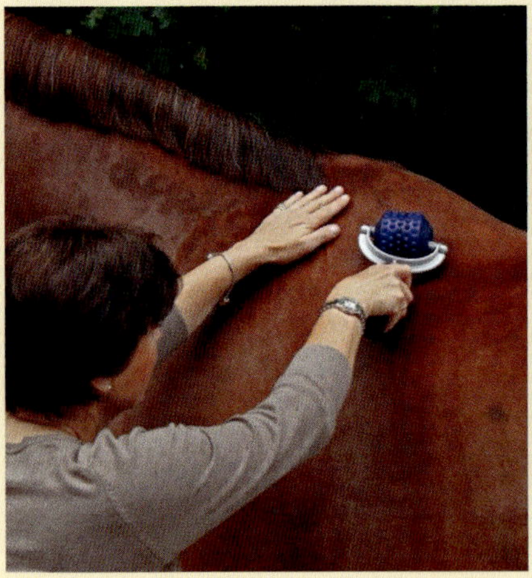

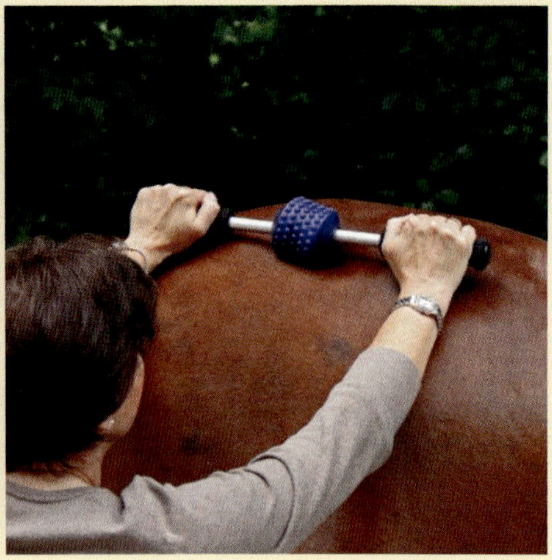

cher Grundspannung sich unser Pferd befindet. Findet man besondere Verhärtungen oder auch sonstige Veränderungen, dann steht man vor der Entscheidung, ein Gerät einzusetzen oder die Hände. Von den hier nachfolgend beschriebenen Systemen liegen gute eigene Erfahrungen und positive Rückmeldungen von Pferdetherapeuten vor.

Ein mögliches Gerät ist der BLUE MAGIC-Magnetfeldroller. Durch die im Roller befindlichen Magnete wird ein magnetisches Feld aufgebaut, das die Wirkung dieses Systems intensiviert. Durch seine besondere Form und die genoppte Oberfläche kann man auch von einer günstigen Beeinflussung der Faszien ausgehen.

Thumper Sport, Thumper mini pro u.a.

Andere ähnliche Systeme sind bei den Firmen Sissel unter anderem sowohl beim Fachhandel und im Internet zu finden. Alle haben gemeinsam ein oder zwei klopfende Köpfe, die auf unterschiedliche Stärken eingestellt werden können. Bei diesen Geräten kann schon eine tiefenwirksame Massage erwartet werden. Einige Modelle bieten auch noch eine Infrarot-Tiefenwärme ausstrahlende Zusatzschaltung der Massageköpfe an.

Andere Anbieter, die mehr für den beruflichen Anwender vorgesehen sind, sind die neuromuskulär-stimulierenden Geräte (zum Beispiel Matrix-Rhythmus-Therapie, Neuro-Stim, BMS u.v.m.). Natürlich nicht zu vergessen die verschiedenen Angebote von Massagehandschuhen, Faszienrollern etc. Über die Wirksamkeit dieser Handschuhe liegen uns keine nennenswerten Ergebnisse vor.

! Unserer Meinung nach kann die fühlende menschliche Hand nicht durch ein Gerät ersetzt werden.

Wirkung feststellen

Wie stelle ich fest, dass meine Massage auch gewirkt hat?

Natürlich werden Sie das beim nächsten Reiten oder Longieren etc. bemerken.

Fast genauso wichtig sind aber die Signale, die Ihr Pferd Ihnen gibt, wenn Sie Verspannungen gelöst haben. Dies reicht von tiefem Ausatmen über intensives Blinzeln, wobei manchmal die Nickhaut regelrecht vorfällt, bis zum mehrfachen, manchmal noch am nächsten Tag zu sehenden Gähnen.

Hengste oder Wallache schachten aus, das passiert oft schon zu Beginn der Massage.

Alles das oder auch nur einzelne Signale zeigen Ihnen, dass Sie genau richtig mit Ihrem Pferd gearbeitet oder besser gesagt es richtig massiert haben.

Eine ganz besondere Technik: die Stresspunktmassage

Unten links das erste Buch von J. Meagher, das uns die Anregung und die Motivation gab, diese Therapie kennenzulernen. Daneben das erste Buch von Claus Teslau zum Thema Stresspunktmassage nach Jack Meagher, erschienen 2006.

Unten sehen Sie das zurzeit aktuelle Buch zum Thema – um viele Details umfangreicher und mit ersten Hinweisen auf die SPM ergänzende Methode des DRY NEEDLING. Die DVD zum Buch kann auch in der pferdiathek bzw. bei wehorse angesehen werden.

Ganz sicher nimmt bei den Massagetechniken die Stresspunktmassage eine Sonderstellung ein. Der US-Amerikaner J. Meagher beschreibt die Entwicklung dieser Technik wie folgt: Da er aufgrund einer Verletzung seine Karriere als Footballprofi beenden musste, hat er sich mit den Möglichkeiten der manuellen Technik zur Behandlung muskulärer Probleme beschäftigt. Es wird berichtet, dass er seine ersten Massagekenntnisse von einem deutschen Gefangenen aus dem letzten Weltkrieg, der in die USA deportiert wurde, vermittelt bekam.

Aufgrund seiner dadurch erworbenen Kenntnisse hat er seine ersten Behandlungen bei den kräftigsten Sportlern, die im Football zu sehen sind, zuerst angewendet.

Schon sein erstes Buch, das bereits 1980 erschienen ist, beschäftige sich mit seiner Technik, die sich als sehr hilfreich bei 15 Sportarten, die Menschen ausüben, erwiesen hat. Danach kam ihm die Idee, dass diese Technik auch sinnvoll bei den größten Sportlern, den Pferden, eingesetzt werden könnte.

Besondere Beachtung bekam dann 1985 sein Buch »Beating muscle injuries for horses«, das sich erstmals mit der von ihm entwickelten Sportmassage bei Pferden beschäftigte. Seine Theorie, dass in den Übergängen zwischen Muskel und Sehnen bei jeder sportlichen Betätigung die größte Belastung entsteht, hat sich in

vielen tausenden von Behandlungen an Menschen und Pferden als richtig erwiesen. Dabei ist wohl am stärksten der Übergang Ursprung/Sehne/Muskel betroffen.
Die von ihm entwickelte Technik beschreibt er als Tiefenmassage genau an den genannten Punkten und sie galt von Beginn an als »Massagetechnik für Sportpferde«.
Bei Pferden konnten 25 Punkte lokalisiert und beschrieben werden (siehe Bild unten), die absolut sicher bei allen Pferden, egal ob groß oder klein, immer an derselben Stelle zu finden sind.
Darüber hinaus gibt es erheblich mehr solcher Punkte, die aber eine unterschiedliche Lage aufweisen können.

In der Terminologie der Verfasser wurden zum besseren Verständnis diese Regionen im Ursprung und gegebenenfalls auch im muskulären Ansatz als Stresspunkte bezeichnet. Daneben gibt es den Fachausdruck Triggerpunkte. Man kann davon ausgehen, dass Trigger überwiegend im Muskelbauch angesiedelt sind. Dabei handelt es sich manchmal nur um sehr kleine Knötchen oder Verhärtungen, die man mit verschiedenen Techniken und Methoden behandelt. Allerdings sollte die Triggerbehandlung immer nur von entsprechend ausgebildeten Therapeuten vorgenommen werden. Beim Menschen kann man Trigger mit manuellen Techniken behandeln, wobei das im Einzelfall sehr schmerzhaft sein kann.

Nach unserer Erfahrung ist die manuelle Triggerpunkttherapie beim Pferd nicht immer erfolgreich. Da stehen dann Dry Needling, Laser oder entsprechende andere Methoden den ausgebildeten Therapeuten zur Verfügung.

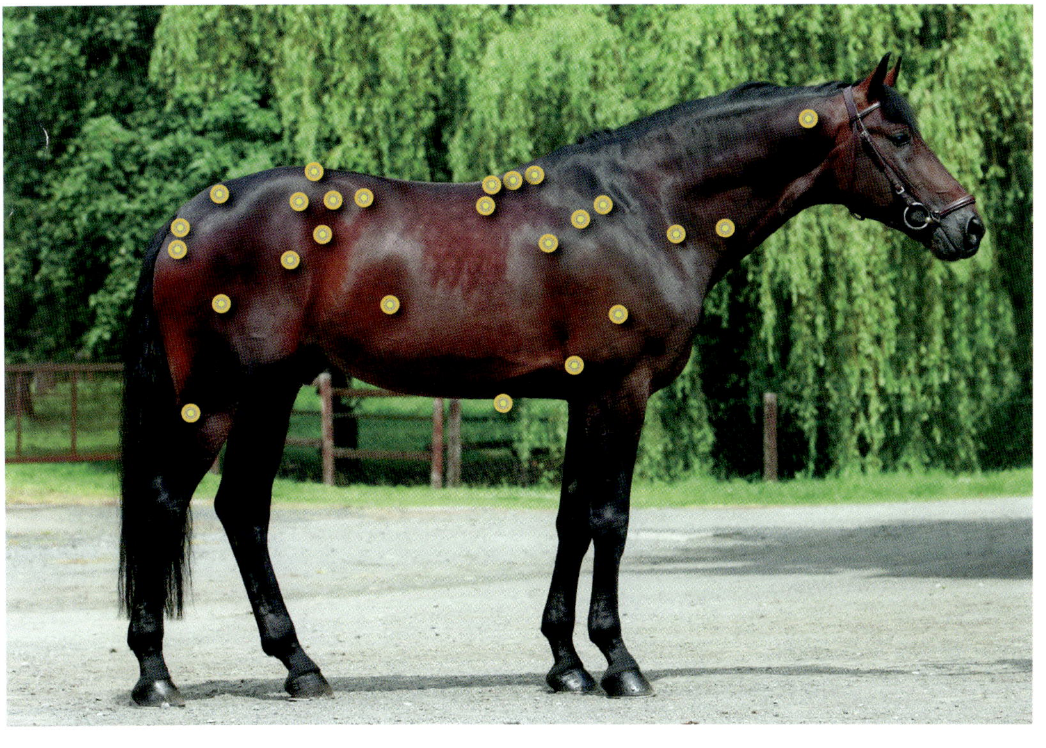

Die ersten Kontakte bekam Claus Teslau bereits um 2000 mit der SPM nach J. Meagher. Sein in deutscher Sprache verfasstes Buch »Muskelprobleme bei Pferden« – vorbeugen und behandeln«, war so beeindruckend, dass er sich nunmehr seit fast zwei Jahrzehnten intensiv mit dieser Therapie beschäftigt. Leider gab es mit Jack nur einen kurzen Briefwechsel. Geplante weitere Kontakte fanden dann nicht mehr statt, weil er erkrankte und dann im März 2006 verstarb.

Essentiell sind drei Elemente, die seine Technik so erfolgreich macht:

- direkter Druck mit Mittel- oder Zeigefinger auf den Stresspunkt,
- Reiben quer zur Muskelfaser (Querfriktion) und
- rhythmischer Druck über den gesamten Muskel.

Hierbei wird deutlich: Wenn man diese Methode beim Pferd anwenden möchte, sind Grundkenntnisse der Pferdeanatomie erforderlich. Dennoch konnten in den vielen Jahren unserer Aus- und Weiterbildungsmaßnahmen viele Pferdesportenthusiasten diese Technik erlernen und vor allem bei den eigenen Pferden erfolgreich anwenden.

Im Laufe der Lehrtätigkeit von Claus Teslau an verschiedenen Ausbildungsstätten, die Pferdephysiotherapie schulen, konnten hunderte Therapeuten diese Technik für den professionellen Gebrauch erlernen.

Es ist immer wieder erstaunlich, dass Pferde nach einer Stresspunktmassage sofort eine deutliche Besserung in der Beweglichkeit zeigen.

Selbst nach so vielen Jahren in der Arbeit mit dieser Technik, die sich übrigens sehr gut mit allen anderen hier beschriebenen Methoden kombinieren lässt, glaubt man manchmal nicht, dass so etwas möglich ist. Es gibt außerdem noch eine weitere Besonderheit, die diese Methode auszeichnet.

Jack Meagher schrieb Claus Teslau bereits am Anfang ihres Kontaktes, dass er damit begonnen habe, die Wirksamkeit seiner Methode nach wissenschaftlichen Kriterien nachweisen zu lassen.

Dieses Vorhaben musste dann aber von seiner Nachfolgerin weitergeführt werden. Die Ergebnisse wurden in einer Veröffentlichung der »American Massage Therapy Association« beschrieben. Nur so viel: »Die Beweglichkeit und der Raumgriff der bei dieser Studie eingesetzten Pferde verbesserten sich signifikant.«

Auch wenn diese Mail schon einige Jahre zurückliegt, so gibt sie doch genau die Möglichkeiten, die die SPM bietet, wieder.

Von: hjunker@uni-greifswald.de [mailto:hjunker@uni-greifswald.de]
Gesendet: Freitag, 23. Dezember 2016 15:23
An: info@teslau.de
Betreff: Erfahrungsbericht
Sehr geehrter Herr Teslau,
ich möchte Ihnen kurz über einen sensationellen Erfolg bei meinem 19jährigen Friesenmix berichten. Wegen einer seit 2013 bestehenden Hinterhandlahmheit habe ich viel recherchiert und bin zufällig auf Ihr Buch über die Stresspunktmassage gestoßen. Bei Stresspunkt 18 am Wadenmuskel bin ich dann fündig geworden. Mein Pferd hat deutlich reagiert und nachdem ich den Punkt über eine Woche täglich ein paar Minuten massiert habe, konnte ich einen deutlichen Effekt am Gangbild im Trab feststellen. Habe dann meine manuelle Behandlung mit dem BlueMagic-Roller ergänzt und seitdem läuft mein Pferd komplett lahmfrei, nach 3 Jahren bestehender Lahmheit, ich kann es immer noch nicht glauben. Ich bin Ihnen sehr dankbar für dieses Buch! Es müsste zur Pflichtlektüre für jeden Reiter werden und würde sicher viele Lahmheiten und Rittigkeitsprobleme aus der Welt schaffen.
Mit freundlichen Grüßen,
Heike Junker

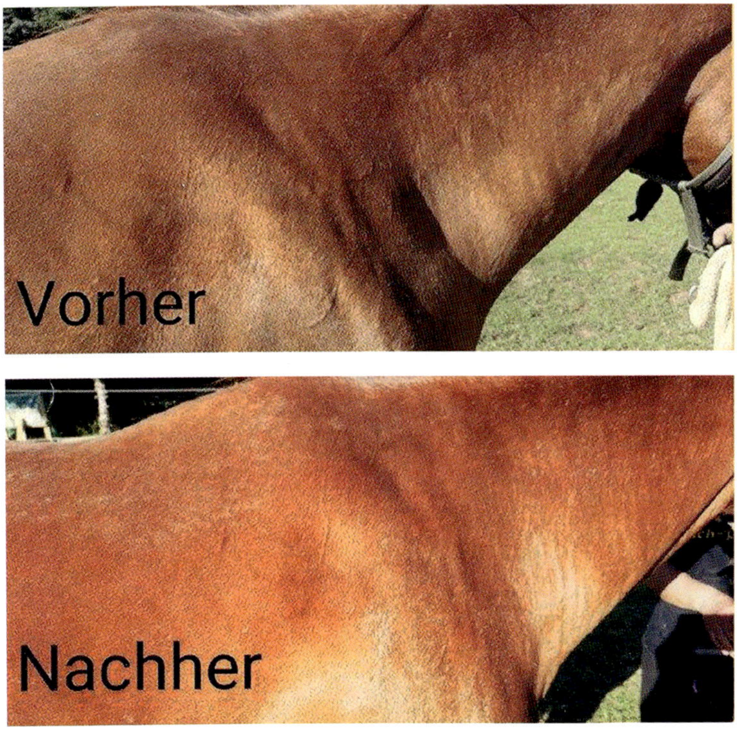

Ein weiteres Beispiel über die Möglichkeiten der Stresspunktmassage. Unsere Kollegin Stephanie Desch aus Freigericht/Hessen schickte uns Ende Februar 2020 diese eindrucksvollen Bilder über das Ergebnis einer Stresspunkttherapie.
Wie zu sehen ist, hat sich die Oberflächenmuskulatur deutlich sichtbar geglättet bzw. verbessert.

Eine Anmerkung zur Massageanwendung an Gelenken. Wir haben hier bewusst auf Details zur Massage an den Extremitäten, bis auf die Muskeln oberhalb von Vorderfußwurzel- und Sprunggelenk, verzichtet.

Wenn Sie trotzdem Ihrem Pferd auch dort etwas Gutes tun wollen, beginnen Sie von oben nach unten bis zum Kronrand mit sanften Streichungen in langsamen Bewegungen. Bitte bedenken Sie: Sie müssen sich bücken bzw. in die Hocke gehen. Macht das Pferd eine unkontrollierte Bewegung, kann das für Sie problematisch enden. Wägen Sie also ganz genau ab, ob Sie dort tätig werden wollen. Auch ein noch so braves Pferd kann sich erschrecken und wegspringen. Im Laufe der Jahrzehnte therapeutischer Tätigkeit habe ich immer wieder gehört, dass Pferde brav stehen und nichts tun. Darauf kann man sich nicht verlassen und sollte daher bei allen Behandlungen immer achtsam sein.

Egal ob Kaltblut, Warmblut oder Pony – jedes Pferd fühlt sich nach einer Massage sehr wohl und zeigt das in seinem gesamten Erscheinungsbild.
Dabei ist es völlig egal, ob das Pferd geritten, voltigiert oder gefahren wird. (Siehe Bilder nächste Seite)

Mehr Beweglichkeit – mehr Wohlbefinden.

Egal, ob das Pferd geritten, voltigiert oder wie hier gefahren wird – Massagen erhöhen das Wohlbefinden.

Wann kommt unser Masseur (oder das Futter) denn endlich?

Die Druckstärke

Welche Druckstärke soll bei den einzelnen Techniken angewendet werden, und welche Auswirkungen kann das auf den Massageerfolg haben?

Diese Frage wurde immer wieder bei unseren Workshops »Stresspunktmassage nach J. Meagher« gestellt. Wenn auch in anderen Büchern immer wieder auf Kilogrammdruckstärke etc. hingewiesen wird, ist diese Frage nicht so einfach zu beantworten. Jedes Pferd wird auf Berührung jedweder Art anders reagieren. Wenn ein Pferd bereits bei schwachem Betasten mit Schmerzausdruck reagiert, wird ein anderes erst bei intensivem Druck Schmerz oder auch Wohlbehagen zeigen.

Als Beispiel sind die Islandpferde zu nennen. Neben eigenen Erfahrungen wird auch von Tierärzten oder Islandpferdebesitzern immer wieder berichtet, dass diese Pferderasse auf Druck erst spät oder auch gar nicht reagiert. Das kann bedeuten, dass die Schmerzäußerung eines Isländers erst im fortgeschrittenen Stadium erfolgt. Bei akuten Erkrankungen wie zum Beispiel einer Kolik kann das im Ernstfall schon mal problematisch werden. Für alle Pferde gilt aber, dass letztlich das Tier in seiner jeweiligen Verfassung auf Berührung reagiert und die Druckstärke bestimmt. In großer Anspannung wird oft heftig reagiert, während dasselbe Pferd in ruhiger, entspannter Atmosphäre kaum erkennbare Signale zeigt.

Merke

Immer mit sanften Streichungen über den gesamten Pferdekörper beginnen.

Je häufiger Sie mit leichten Berührungen an Ihrem Pferd beginnen, umso besser werden Sie plötzliche Veränderungen, Verhärtungen, warme oder kalte Zonen entdecken und dann entsprechend reagieren können.
Hier ist bereits die erste Antwort auf die genannten Fragen gegeben: Sanfte Streichungen über die oberflächlichen Muskeln werden etliche Reaktionen beim Pferd zur Folge haben. Blättern Sie zurück an den Anfang, wo über die Untersuchung der empfindlichen Pferdehaut bei englischen Galoppern berichtet wird.

Zur Erinnerung: Die Pferdehaut ist mit sehr vielen Fühlern (Rezeptoren) ausgestattet. In einzelnen Regionen befinden sich wesentlich mehr als in der menschlichen Epidermis.

An das folgende Beispiel erinnern wir uns immer wieder: Im Rahmen einer Fortbildung für Pferdetherapeuten zur Stresspunktmassage hatten wir an einem Reitpferd nur zur Darstellung die Finger auf die einzelnen Stresspunkte gelegt. Es wurde absolut kein Druck ausgeübt. Es fiel schon auf, dass das Pferd bereits bei dieser sanften Berührung deutliche Entspannungssignale wie Kauen, Lecken etc. zeigte.
Als am Nachmittag zufällig der Reiter mit seinem Pferd vom Reitplatz zurückkam und wir seine Aussage hörten, dass sein Pferd heute besonders locker und angenehm zu reiten war, hätten wir ihm erklären können, warum das so war. Alleine der geringe Druck auf Stresspunkte bewirkte bei diesem Pferd bereits eine deutliche Verbesserung der gesamten körperlichen Situation.

Tiefer Druck, mit den Fingern oder dem Handballen

Damit erreicht man, dass alle Flüssigkeiten in dem bearbeiteten Gebiet zur besseren Zirkulation angeregt werden. Daraus resultiert eine deutlich verbesserte Sauerstoffversorgung. Der Stoffwechsel wird aktiviert und Kohlendioxyd abtransportiert.

Endorphine werden freigesetzt

Wir wissen, dass Endorphine zu den Glückshormonen gehören. Man kann sagen, dass wir durch eine tief wirkende, fachgerecht eingesetzte Massage unsere Pferde glücklich machen. Wer will das nicht!
Sie verringern aber auch die Wahrnehmung des Körpers für Schmerzen.
Ein wissenschaftlicher Beweis fehlt zwar dafür, aber beim Menschen gibt es durchaus Reaktionen, die zu solchen Annahmen auch beim Pferd berechtigen.

Der mechanische Druck bestimmter Massagetechniken streckt das Gewebe und macht es weicher. Diese Reaktionen wirken unterstützend bei der Entspannung von Muskeln, dauernden Verkürzungen, Myogelosen (großflächige Verhärtungen), aktiven Trigger-Punkten (Stress- oder Schmerzpunkte) und Spasmen (Krämpfen).

Beachten Sie: Beim Menschen hat mechanischer Druck auf die Bauchgegend eine Wirkung auf die Verdauungsorgane: Er regt die Verdauung an. Am Pferd sollten Sie aber sehr vorsichtig sein, wenn Sie diesen Bereich bearbeiten. Er ist sehr empfindlich und das Pferd schützt ihn. Seien Sie bitte vorsichtig!

Mechanischer Druck hat auch eine Auswirkung auf das Nervensystem. Je nach Art der Anwendung wirkt der Druck stimulierend oder beruhigend auf die Muskeln. Beispielsweise wirkt eine langsame, rhythmische Massagebewegung mit leichtem bis mittlerem Druck beruhigend und entspannt sehr wirkungsvoll, während ein schnellerer Rhythmus mit mittlerem bis starkem Druck sehr schnell stimulierend wirkt.

Wirkung durch nervöse Reflexe

Eine Wirkung durch nervöse Reflexe wird, wie der Name andeutet, über das Nervensystem vermittelt. Diese Wirkung wird durch ganz leichte Berührungen erreicht. Man übt dabei fast keinen Druck aus, sondern nimmt nur leichten Kontakt mit der Haut auf, so dass man die sensorischen Nervenenden in der Haut beeinflusst (Fremdreflex).

Um diese Wirkung zu erzielen, werden meistens Fingerstreichungen, sanfte Handstreichungen und sehr sanfte Knetungen eingesetzt. Die sanfte Stimulierung der Haut schickt entspannende Impulse an das Gehirn. Als Folge lassen die motorischen Nerven bei der Spannung nach.

Für diese Art der Massage müssen Sie einen langsamen, sanften und beruhigenden Rhythmus von durchschnittlich einer Massagebewegung pro Sekunde einsetzen. Dabei werden auch Nährstoffe angeliefert.

Merke

Ein nervöser Reflex erhöht weder die Sekretion der Drüsen, noch bewirkt er die Ausschüttung von chemischen Stoffen oder hat einen mechanischen Einfluss auf die Zirkulation von Flüssigkeiten. Er wirkt aber lindernd und entspannend, wenn ein Pferd allgemein verspannt ist, Angst hat, einen Schock erleidet oder Schmerzen hat.

Eine schnelle und wirkungsvolle Möglichkeit, das Pferd zu entspannen

Wenn Sie nicht immer Zeit oder Gelegenheit haben, sich umfassend mit Ihrem Pferd und den verschiedenen Massagetechniken zu beschäftigen, hilft in vielen Fällen die nachstehend beschriebene Vorgehensweise, um das Pferd in kurzer Zeit wirkungsvoll zu entspannen. Aber auch das geht nur, wenn Sie selber die Sache entspannt und locker angehen.

Wir stellen uns vor das Pferd und beginnen mit beiden Händen den Ohrengrund zu umfassen und unter leichtem Zug nach oben/außen beide Ohren sanft zu massieren.

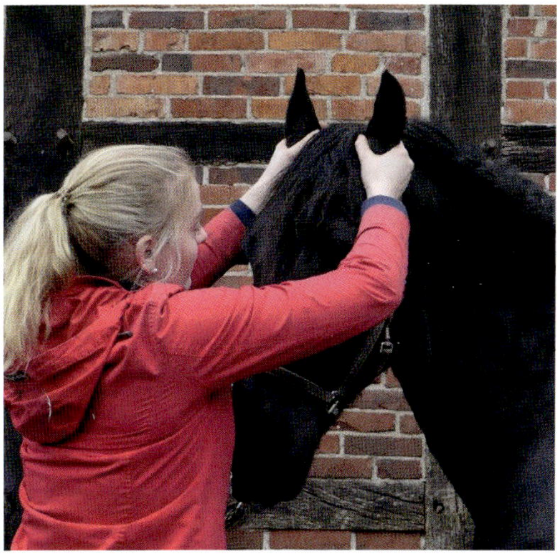

In der Folge werden die allermeisten Pferde den Kopf senken und beginnen, sich zu entspannen.

Die nun folgenden Bilder (siehe unten) zeigen eindrucksvoll, wie weit alleine durch diese Technik das Pferd loslässt.

Quintus, der junge Friese, genießt offensichtlich die massierende Berührung der Hände seiner Reiterin.

Als nächstes nehmen wir den Mähnenkamm in beide Hände und verwinden die Oberlinie des Halses, begin-

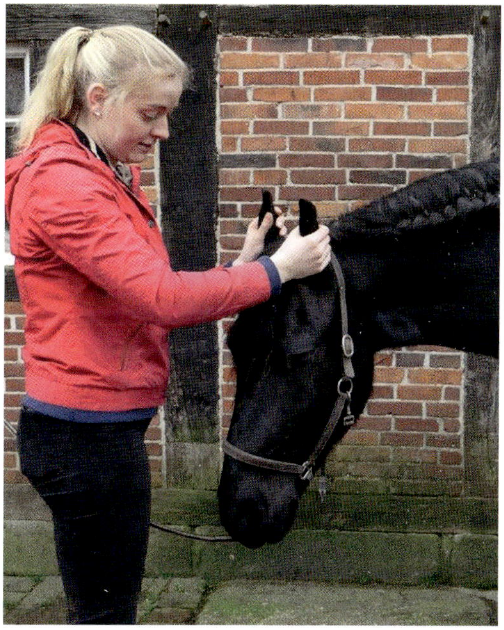

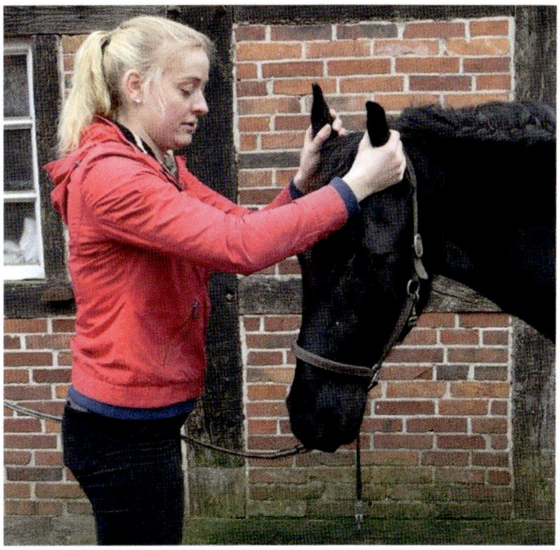

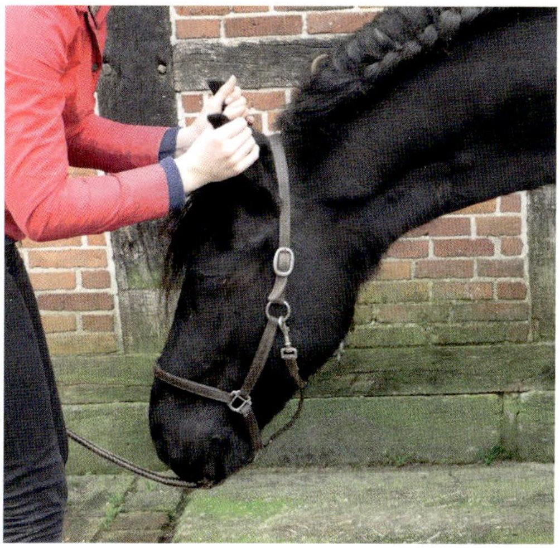

Auch hier zeigt Quintus, wie gut ihm diese Massage tut.

nend direkt hinter dem Genick bis kurz vor dem Widerrist. Dies erfolgt mehrmals (2- bis 3-mal).

Nun gehen wir mit langen Streichungen vom Widerrist über den Rücken bis zum höchsten Punkt der Kruppe. (rechts oben)

Dort findet man das Iliosacral-Gelenk (Kreuz-Darmbeingelenk). An dieser Stelle legen wir beide Hände aufeinander und lassen diese Region intensiv vibrieren. (rechts unten)

Die letzte Aktion beginnt, indem wir uns hinter das Pferd stellen und langsam anfangen, den Schweif zu dehnen. Es ist darauf zu achten, dass der Zug genau in der Linie Kruppe-Schweif erfolgt. Es darf kein Knick in dieser Linie sein. Außerdem sollte das Pferd bei zunehmendem Zug Widerstand leisten. Wenn sich der Zug weich anfühlt, dann lassen Sie diese Übung (siehe Bild Seite 82).

Anmerkungen: Nicht alle Pferde lassen sich gerne an den Ohren anfassen. Manchmal hilft es, indem man sehr vorsichtig und langsam beginnt. Wenn das nicht geht, den Ohrenbereich auslassen. Bei der Schweifdehnung muss absolut sicher sein, dass das Pferd den massierenden Menschen hinter sich duldet.

Lange Streichungen vom Widerrist über den Rücken bis zum höchsten Punkt der Kruppe.

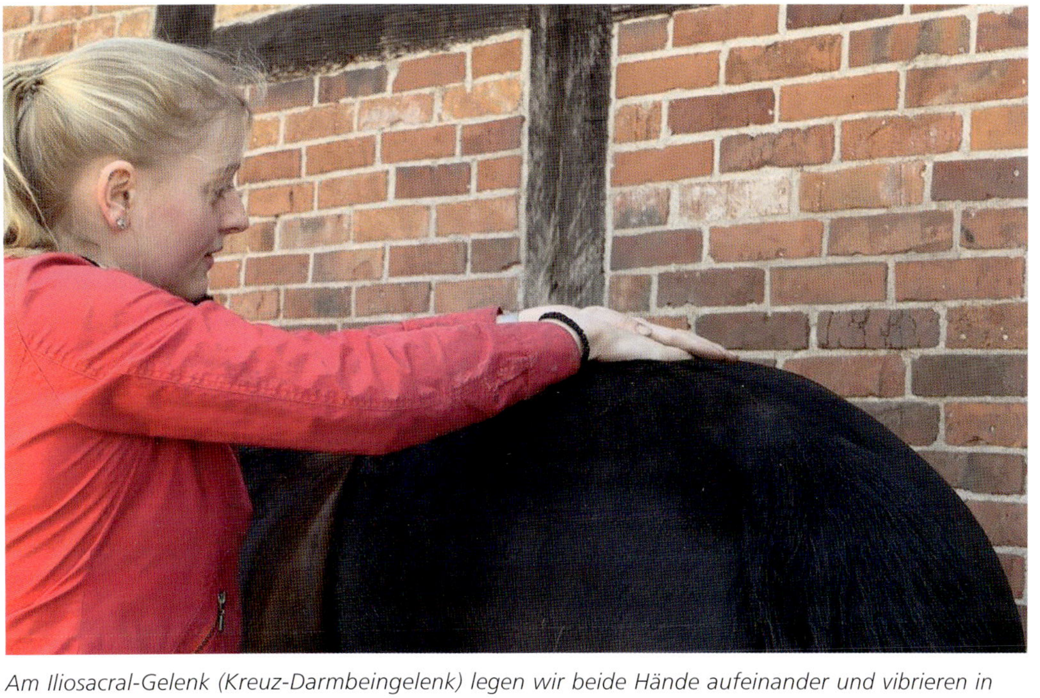

Am Iliosacral-Gelenk (Kreuz-Darmbeingelenk) legen wir beide Hände aufeinander und vibrieren in dieser Region intensiv.

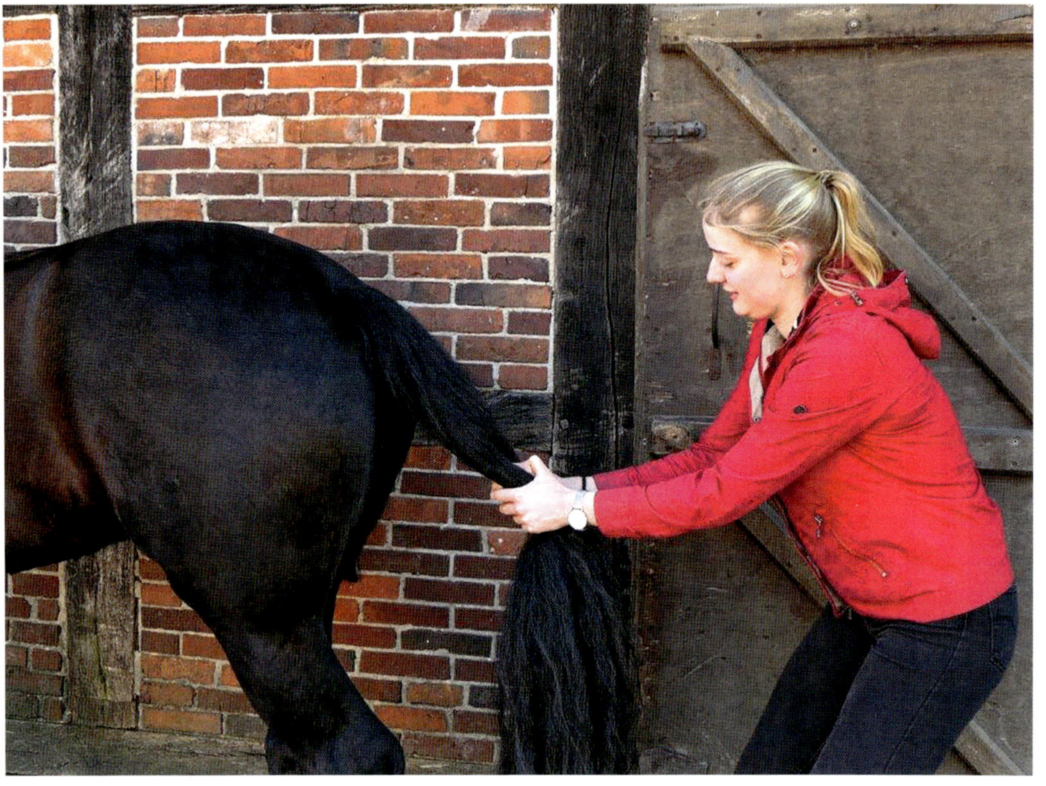

Den Schweif dehnen. Es ist darauf zu achten, dass der Zug genau in der Linie Kruppe-Schweif erfolgt.

Dehnen
Thermografie
Prävention

Dehnen

Gezielte Dehnungen, die nach dem Aufwärmen und nach einer Massage zu empfehlen sind

Dabei stellt sich als erstes die Frage: Welche Möglichkeiten bieten sich an, um die Muskulatur des Pferdes mit einfachen Mitteln aufzuwärmen?

Immer ist zuerst Bewegung zu nennen. Dies kann an der Hand, an der Longe oder natürlich unter dem Sattel oder angespannt erfolgen.

Die Bewegungen an der Hand oder der Longe lassen sich in den meisten Fällen wohl am einfachsten bewerkstelligen.

Sofern eine Führmaschine oder ein Roundpen vorhanden sind, leisten diese auch beim Aufwärmtraining oft gute Dienste.

Zum Sinn von Dehnübungen gibt es zwar viel Zustimmung, aber auch ablehnende Meinungen. Abgelehnt werden sie besonders dann, wenn ein Pferd ohne vorheriges Aufwärmen gedehnt wird. Fast immer ist beim Dehnen die Kraftanstrengung für den Menschen nicht unerheblich.

Wenn dann der Mensch nicht darauf achtet, seine eigenen Positionen so zu wählen, dass er selber keine Probleme bekommt und keine Schmerzen erleidet oder sogar sein Rücken Schaden nimmt, dann ist wohl etwas falsch gemacht worden. Achten Sie deshalb beim Betrachten der Fotos unbedingt auf die jeweilige Stellung des Ausführenden.

Merke

Nie ein Pferd dehnen, ohne es vorher ausreichend aufgewärmt zu haben.

Aufwärmen an der Hand – zum Beispiel beim Spazierengehen.

Es ist wichtig zu wissen, dass man einen einzelnen Muskel nicht dehnen kann. Bei derartigen Aktivitäten wird immer eine Vielzahl von Muskeln mit einbezogen. Auf einigen Fotos wird das sehr deutlich.

Anmerkungen

Das Pferd 15 Minuten Schritt führen oder longieren funktioniert zum Aufwärmen.

Den Pferdekörper mittels Streichungen »vorzuwärmen« dient der oberflächlichen Erwärmung.

Aufwärmen unter Solarien ist ungeeignet und aufgrund der zu intensiven Wärmeabgabe nicht zu empfehlen.

Wenn das Pferd an den Beinen zu dehnen ist, nie die Finger ineinander verschränken. Das Pferd könnte zum Beispiel ruckartig ein Bein wegziehen, wobei die Fingergelenke in Mitleidenschaft gezogen würden.

Bei den hier vorgestellten Techniken handelt es sich immer nur um Vorschläge, die bei richtiger Anwendung weder beim Pferd noch beim Menschen Schäden verursachen können. Daneben gibt es weitere Dehntechniken, die nur von ausgebildeten Pferdetherapeuten ausgeführt werden sollten, meist als Ergänzung zu vorhergehender Therapie.

Mittlerweile gibt es Autoren, die Dehntechniken als **federnd** ausgeführt beschreiben. Unsere besten Ergebnisse und die Aussagen von vielen Fachkollegen belegen aber, dass sich die statische Dehnung, also die haltende Technik, als sehr wirkungsvoll erwiesen hat.

Daraus ergibt sich nun die Frage, wie lange überhaupt eine Dehnung gehalten werden soll. In der Fachliteratur werden je nach erwünschter Wirkung mindestens 15 Sekunden empfohlen. Sie werden sich wundern, wie lang 15 Sekunden sein können. Hier wird einem die eigene Kraft die Grenze aufzeigen.

Tasten Sie sich zuerst langsam an Ihre eigenen Grenzen heran. Gehen Sie nie über die Toleranzgrenze des jeweiligen Pferdes hinaus.

Es gibt Hinweise, dass Muskelgewebe etwa nach 10 Sekunden und Bindegewebe nach etwa 15 Sekunden reagiert.

Zusammenfassung

Immer die eigene Sicherheit in den Vordergrund stellen.

Die Toleranzgrenze des Pferdes beachten.

Nur aufgewärmte Muskeln dehnen.

Kontraindikationen, wie später beschrieben, beachten.

Die Frage beantworten: Was will ich mit Dehnungen erreichen?

Richtiges Dehnen vorgewärmter Muskulatur erzeugt erkennbar verbesserte Kontraktionseigenschaften der jeweiligen Muskelregionen.

Die Durchblutung und die Stoffwechsellage werden signifikant verbessert.

Auch die Elastizität des Sehnengewebes und die Koordinationsfähigkeit des Pferdes können sich verbessern.

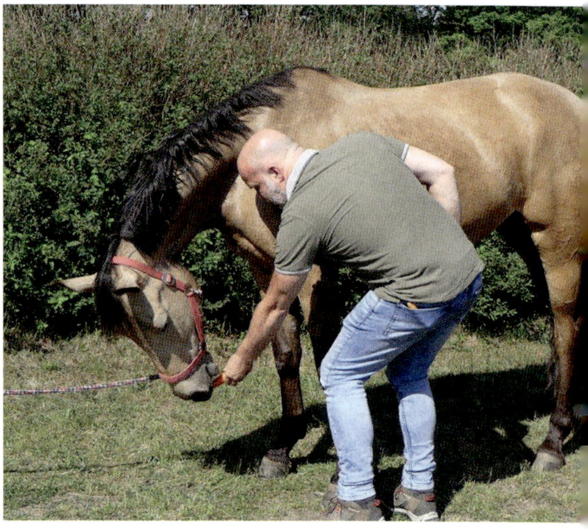

Diese Dehnübungen (oben und rechts) sind den meisten Pferdefreunden sicher bekannt. Achten Sie immer darauf, dass das Pferd mitmacht und wenden Sie keinen Zwang an.

Bei dieser Dehnung (unten rechts und links) werden die gegenüberliegende Halsmuskulatur und Teile der seitlichen Rücken- und Rumpfmuskulatur gedehnt. Immer zu beiden Seiten üben.

Auch wenn das Pferd zum Beispiel nach einer Fliege auf seinem Rücken schlägt und ihm diese Bewegung keine Probleme zu machen scheint, verlangen Sie sie am Anfang nicht sofort von ihm. Immer nur so weit gehen, wie das Pferd es ohne Widerstand zulässt.

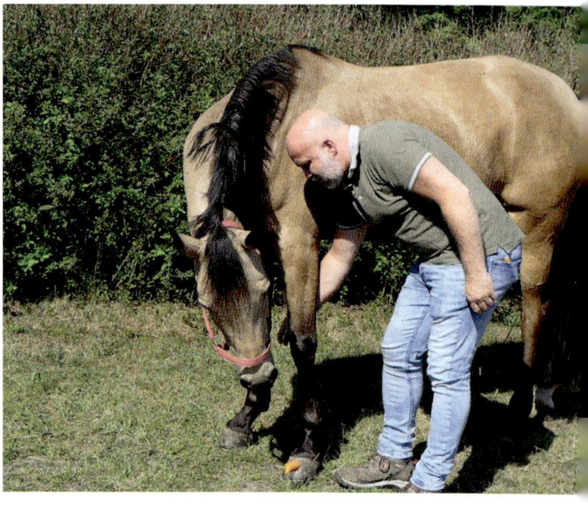

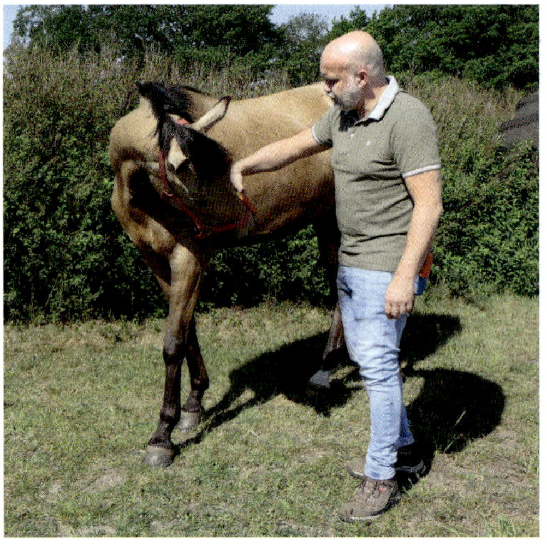

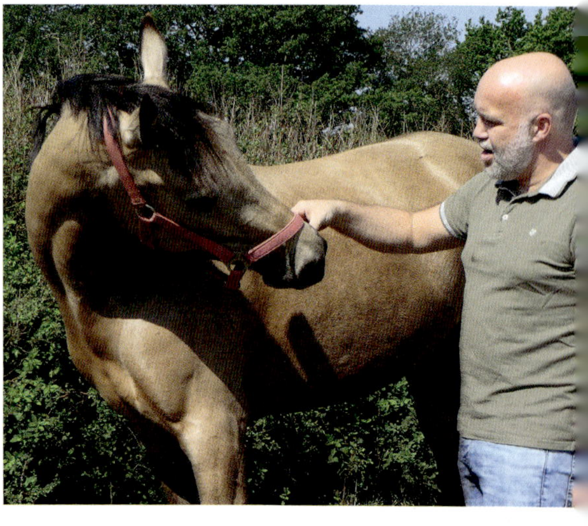

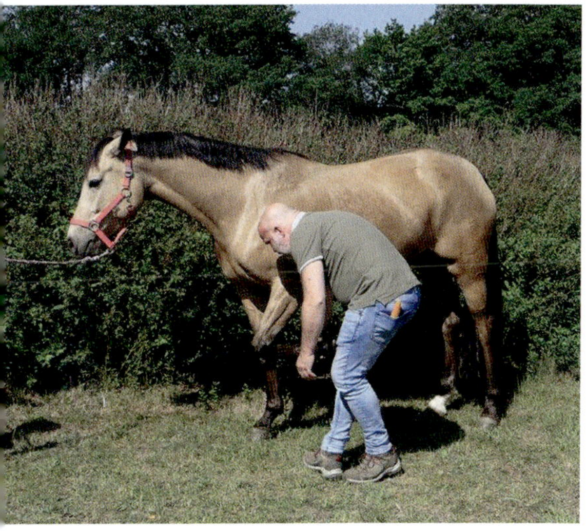

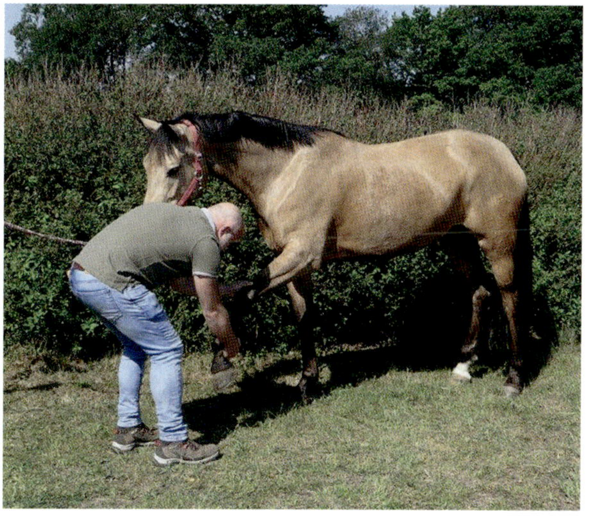

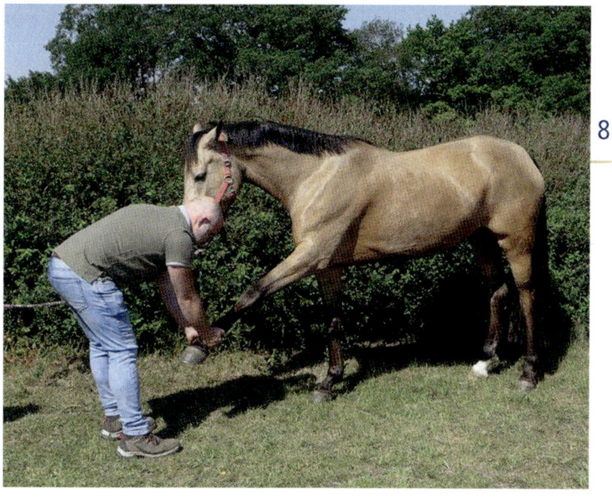

Auf den 4 Bildern oben sieht man, wie mit der Dehnung der Vorhand begonnen werden sollte. Zuerst das jeweilige Bein aufheben, dann langsam nach vorne führen und Schritt für Schritt nach oben gehen. Manche Pferde legen ihr Gewicht deutlich auf das angehobene Bein. Dann wieder zurückführen und neu beginnen.

Bei dieser Übung werden fast alle Muskeln der Vorhand bis hin zum Rumpf und ebenso anteilig die Muskeln des Rückens gedehnt. Auch hier gilt: immer beide Seiten des Pferdekörpers dehnen.

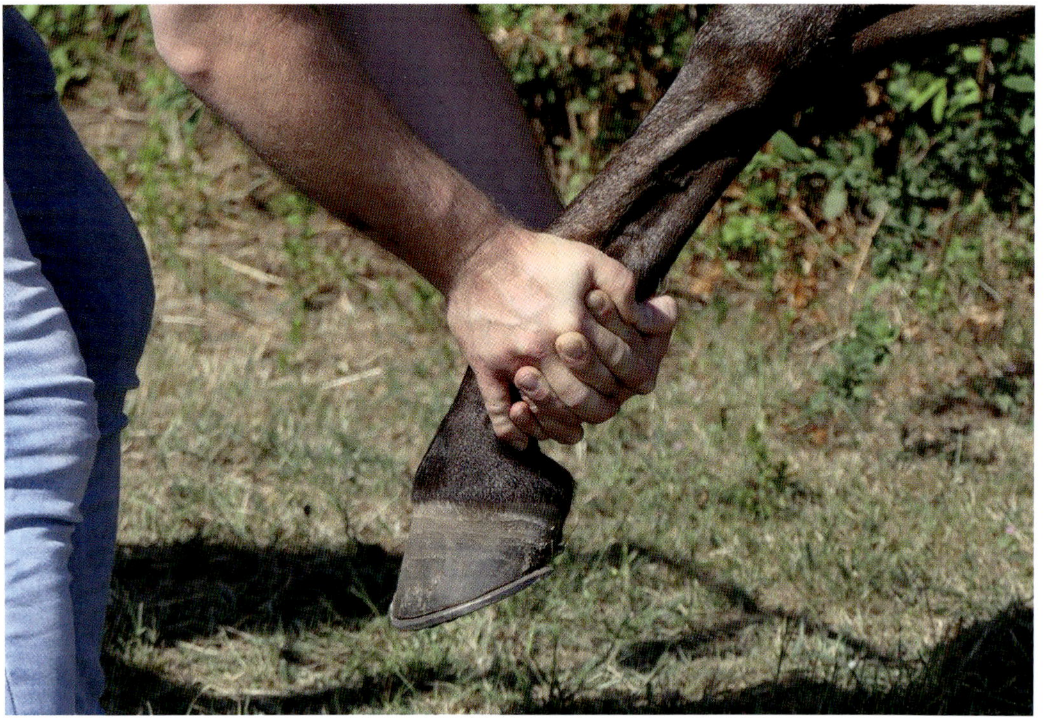

So nicht: *Hier ist zu sehen, wie man die Finger am Bein nicht halten sollte. Es kommt vor, dass das Pferd plötzlich das Bein zurückzieht. Wenn Sie Ihre Finger so verschränken, könnten Ihre Gelenke leicht Schaden nehmen, sollte Ihr Pferd mit einem Ruck zurückziehen..*

Merke

Nicht zu schnell das Bein anheben, sonst produzieren Sie einen muskulären Widerstand.

Wie an der Vorhand sollten auch die Muskeln des hinteren Beines und weitere Muskeln der Hinterhand in dieser Reihenfolge gedehnt werden. (Bilder Seite 89)

Diese Übung erfordert einigen Kraftaufwand. Das ist besonders dann der Fall, wenn das Pferd sein Gewicht auf das Bein legt. Andererseits lohnt es sich, die Dehnungen speziell nach intensiver Arbeit durchzuführen.

Hier kann es erforderlich sein, dass ein Helfer das Bein von der gegenüberliegenden Seite anhebt und der Masseur das Bein übernimmt, um es soweit möglich nach schräg-vorwärts zu dehnen (Bild Seite 89 unten).

Mit dieser Technik werden teilweise tiefer liegende Muskeln im Bereich des ISG (Kreuz-Darmbein) angesprochen, die bei den normalen Massagetechniken nicht zu erreichen sind.

Achten Sie bei allen Dehnübungen unbedingt auf die Körperachsen und Ebenen. Dies bedeutet, dass das aufgehobene Bein gerade nach vorne oder entsprechend geführt wird. Weitergehende Dehnungen wie Abduktion etc. sollten eher von ausgebildeten Therapeuten vorgenommen werden.

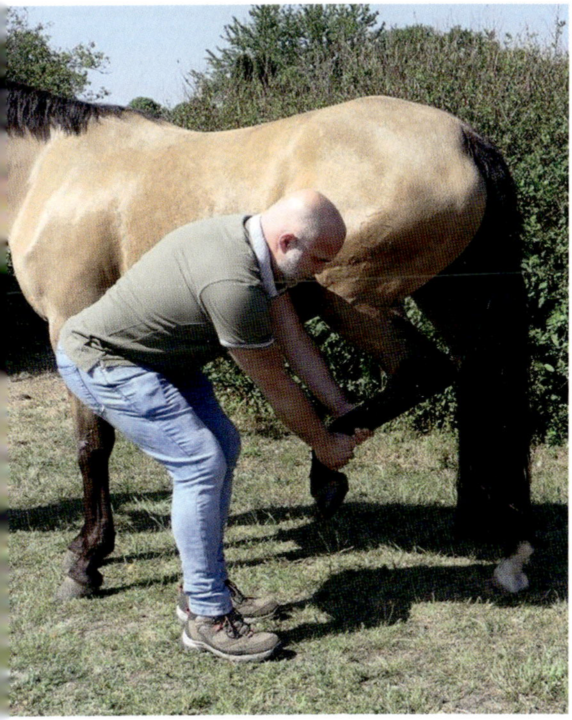

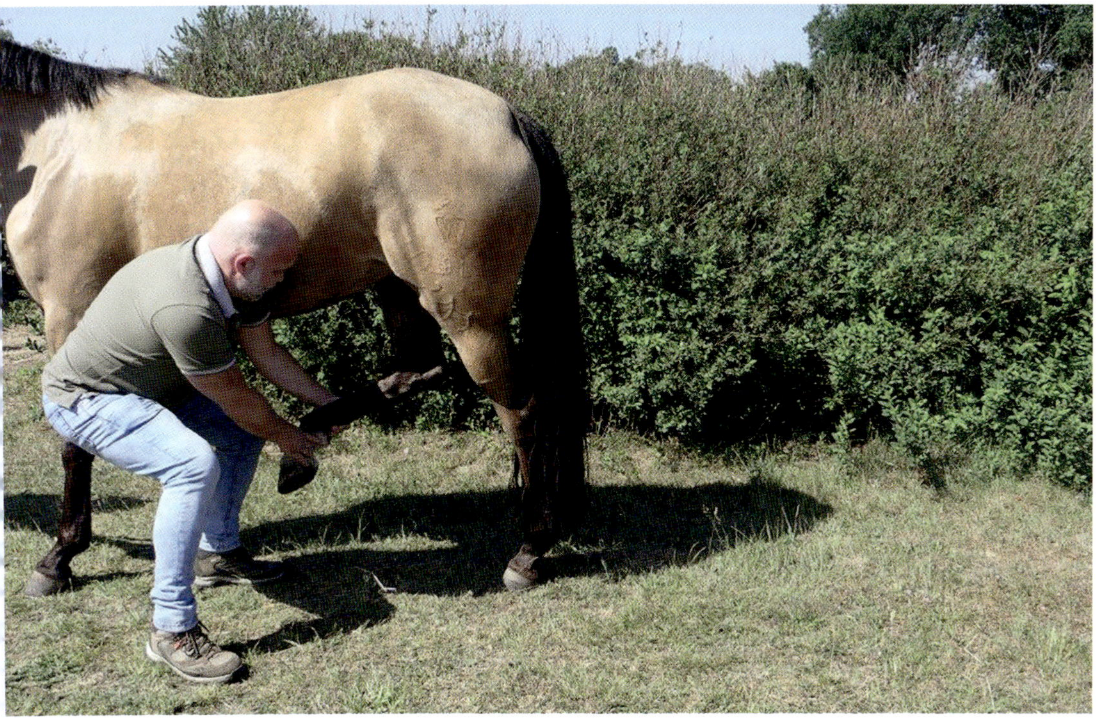

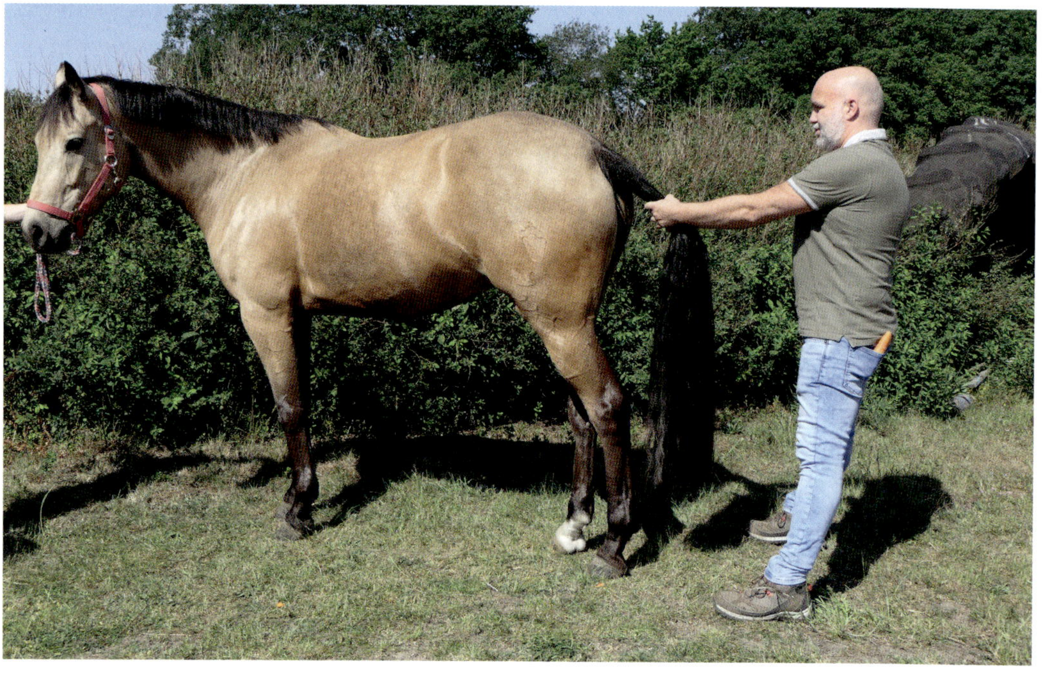

Die Schweifdehnung.

Als letztes zu den Dehnübungen und nach allen Massagetechniken setzen Sie jeweils eine Schweifdehnung ein. (Bild oben)

Nehmen Sie den Schweif soweit auf, dass er der abfallenden Linie der Kruppe entspricht. Beginnen Sie mit leichtem Zug und steigern Sie ihn langsam. Wenn das Pferd dann früher oder später den Kopf fallen lässt, haben Sie ein tolles Ergebnis erzielt. Das Pferd muss aber dem Zug Widerstand entgegensetzen. Sollte das nicht erfolgen, ist diese Dehnung einzustellen.

Wann soll ein Pferd nicht massiert oder gedehnt werden?

Generell sollen Pferde weder gedehnt oder massiert werden, wenn Entzündungen bekannt sind. Auch dann nicht, wenn man meint, das wäre nur lokal. Dies gilt ganz besonders bei Hämatomen (Blutergüssen). Allerdings sind diese manchmal schwer zu finden. Man kann sie lokalisieren, indem man beim Absteichen warme Stellen oder Schwellungen feststellt.

Nicht dehnen bei:

- akuten Verletzungen, egal welcher Bereich betroffen ist
- bei Fieber oder bei unklaren, krankhaften Zuständen
- bei allen Formen von Hauterkrankungen, zum Beispiel Hautpilz

Ob eine tragende Stute gedehnt oder massiert werden sollte, muss man gut überlegen. Natürlich ist Trächtigkeit keine Krankheit, aber keiner kann vorhersagen, wie der jeweilige Organismus auf diese Behandlungen reagiert.

Bei Infektionen und nach Impfungen oder sonstigen tierärztlichen Behandlungen darf eine Massage bzw. Dehnung nur in Absprache mit dem Tierarzt vorgenommen werden.

Wie wirksam ist die Pferdemassage?

Wie schon eingangs angedeutet, wird in vielen Reiterkreisen die Massage von Pferden als nicht sinnvoll oder sogar ohne Wirkung beschrieben. Ein sehr wichtiges Ziel jeder Massage ist die Verbesserung der Durchblutung in dem massierten Gebiet.
Mit der heute verfügbaren Technik der Wärmebildaufnahmen gelingt es jedoch, dieses Mehr an Durchblutung farblich zu dokumentieren.

Wir konnten dafür mit **Nadine Rusinek** eine kompetente Kollegin gewinnen, die bereits über langjährige Erfahrung in der Anwendung thermografischer Pferdeaufnahmen verfügte. Unser Ziel war es, die positiv veränderte Durchblutungssituation nach einer Massagebehandlung im Thermobild zu sehen und damit den gesundheitlichen Nutzen der Massagebehandlung zu belegen.
Wir gingen folgendermaßen vor: Zuerst wurde eine Aufnahme der gewählten Körperregion vor der Massage gemacht, anschließend eins nach der ausschließlich manuell durchgeführten Massage mit den für diese Körperregion empfohlenen Techniken. Das positive Ergebnis war für uns ein deutlicher Beleg dafür, dass es Sinn macht, Pferde zu massieren.

Erstaunliches Ergebnis der Thermografie-Aktion:
Das ist die Situation vor der Massage (Bild unten). Besonders auffällig ist der weiße flächige Bereich vor dem Schulterblatt. Dieser sehr helle Teil wird laut Thermografin als besonders verspannt beschrieben.

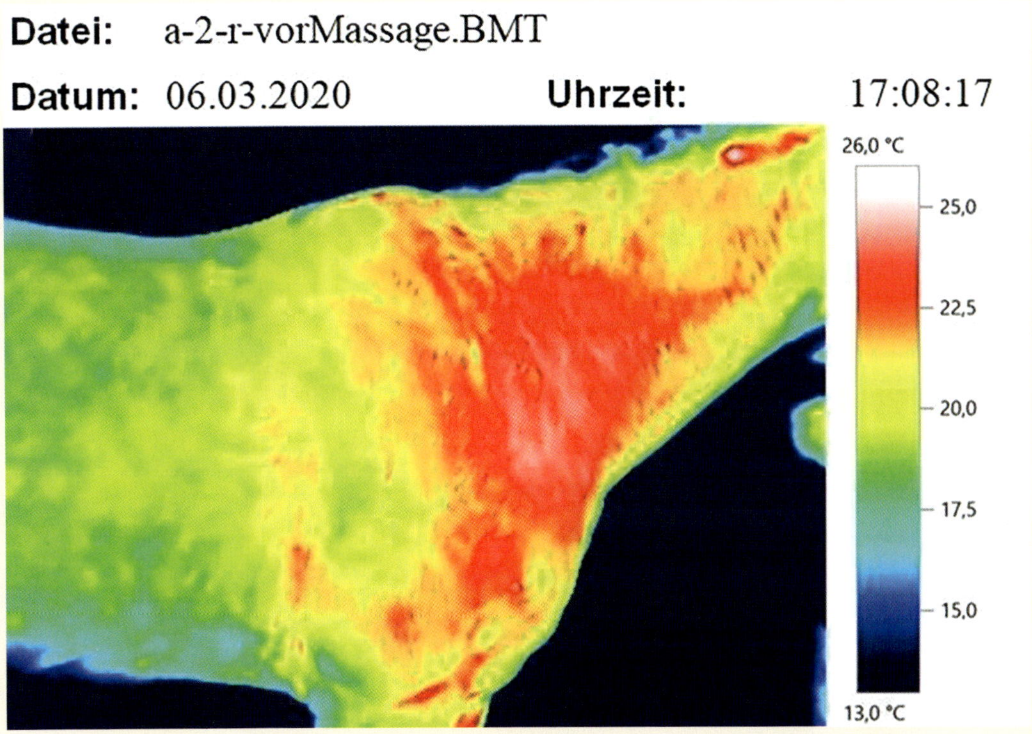

Datei: a-2-r-nachMassagedirekt.BMT

Datum: 06.03.2020 **Uhrzeit:** 17:25:46

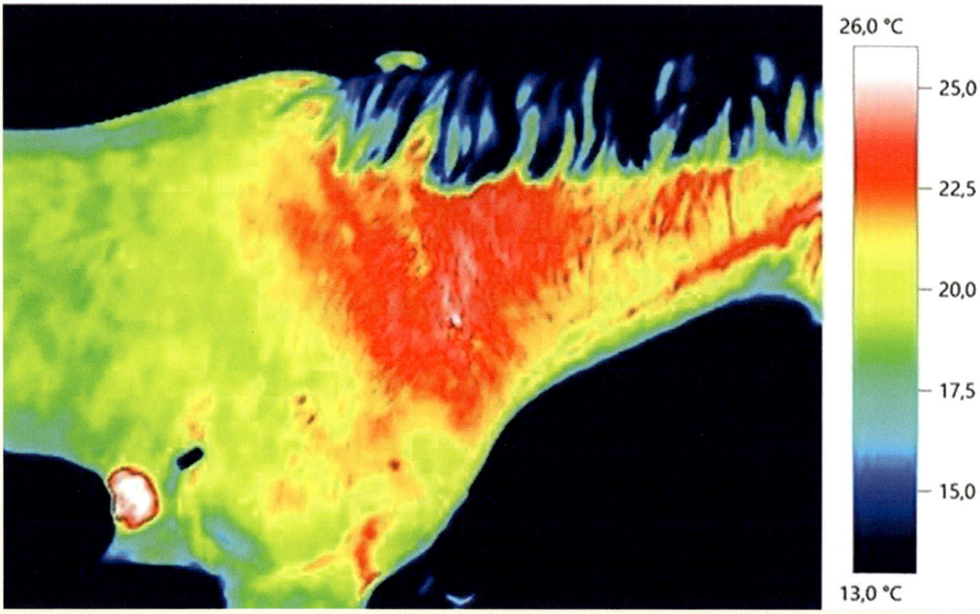

Datei: a-2-r-nachMassage.BMT

Datum: 06.03.2020 **Uhrzeit:** 17:54:50

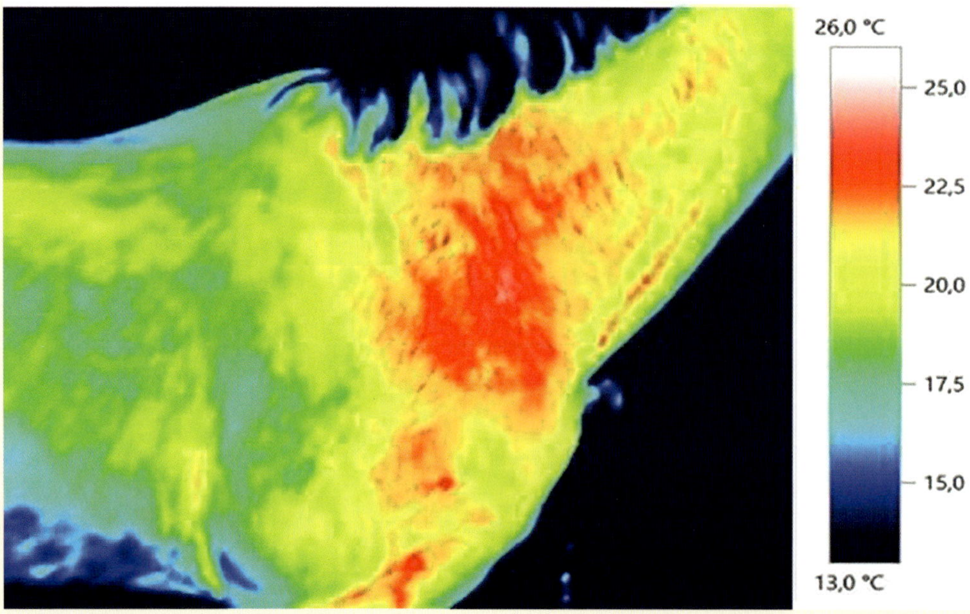

Anhand der angezeigten Uhrzeit ist zu sehen, wie sich die örtliche Situation nach der durchgeführten Massage verändert hat.
Die eingesetzten Techniken waren Streichungen, Hautrollen, Verwindungen der Oberlinie und Halsschaukeln sowie abschließende tiefe Streichungen.
Die Verspannung (helle Flecken) hat sich bereits deutlich minimiert, die flächige Durchblutung hat erheblich zugenommen. (Seite 92 oben)

Am Ende nochmal eine Thermoaufnahme. (Seite 92 unten)
Der Kommentar von Nadine Rusinek, Lengerich/NRW, die die Aufnahmen erstellt hat:
»Damit hätte ich niemals gerechnet, die verspannte Fläche ist kaum noch zu sehen.«
Einen eindrucksvolleren Beleg für die Sinnhaftigkeit von Massage am Pferd gibt es wohl nicht.

Nadine Rusinek bei der Arbeit.
www.horsetherm-ru.de

Was kann ich zur Prävention unternehmen und was ist dabei zu beachten?

Die Möglichkeiten, Verspannungen bei unseren Pferden im Vorhinein zu minimieren, sind durchaus gegeben und vielfältig. Sicherlich ist dadurch die Wahrscheinlichkeit von Verspannungen und die unter Umständen daraus resultierende Konsultation eines Tierarztes und/oder Therapeuten nicht hinfällig, aber im Zuge der Gesunderhaltung und des Wohlbefindens unserer Pferde mehr als sinnvoll.

Wir werden in diesem Kapitel das Rad nicht neu erfinden und viele der folgenden Möglichkeiten sind den Pferdebesitzern mit Sicherheit bekannt, oder erscheinen logisch, dennoch kann es nicht schaden, sich diese Maßnahmen immer wieder ins Gedächtnis zu rufen.

Zu allererst können wir versuchen, etwaige Stressfaktoren zu minimieren. Über das Thema Stressfaktoren haben wir schon an einigen Stellen gesprochen, es sollte aber im Zuge der Prävention noch einmal aufgegriffen werden.

Natürlich ist die Wahl der falschen Ausrüstung und unter Umständen der Reiter selbst, wie bereits erwähnt, ein wichtiger Punkt, darüberhinaus suchen und finden wir weitere Anhaltspunkte.

Da das Pferd ein Herdentier ist, nimmt die Haltung sicherlich eine besondere Stellung ein. Dass unsere Pferde in der Boxenhaltung nicht das ideale Dasein fristen, dürfte jedem logisch erscheinen. Lässt sich diese Haltungsform nicht vermeiden, ist auf jeden Fall auf den Boxennachbarn zu achten. Der falsche Nachbar kann für das Pferd Dauerstress bedeuten. Ist dies der Fall, sind Verspannungen vorprogrammiert.

Aber auch bei der Weidehaltung in der Herde gibt es durchaus »Mobbing«. Behalten wir dies im Auge, können wir hier schon einwirken.

Auch das Fütterungsmanagement kann zu Stresssituationen führen. Auf der Weide, in Herdenhaltung, kann eine gleichzeitige Fütterung zu Futterneid führen. Rangniedere oder schwächere Tiere haben das Nachsehen, werden weggebissen und sind somit wiederum Stress ausgesetzt.

Bei der Boxenhaltung verhält es sich so, dass das Pferd, im Gegensatz zur Futteraufnahme auf der Weide, diese in relativ kurzer Zeit bewerkstelligt und dann aufgrund mangelnder Beschäftigung in Langeweile verfällt, welche wiederum Stress auslösen kann.

Mit ein wenig Beobachtung und Abwechslung in der Fütterung kann man präventiv schon einiges bewirken.

Stressfaktoren eliminieren durch gezielte Ausbildung, zum Beispiel mit Gelassenheitstraining.

Pferdetraining

Die Arbeit mit dem Partner Pferd

Verlassen wir die Haltung und die Fütterung und kommen zur Arbeit mit unserem Partner Pferd. Zuallererst sollten wir uns die Frage stellen, was wir in den nächsten Jahren miteinander erleben oder machen möchten. Dass nicht alle Pferde interdisziplinär einsetzbar sind und sich für die ein oder andere Richtung nicht eignen, dürfte/sollte jedem Pferdebesitzer/Reiter logisch erscheinen. Es zeichnen sich bestimmte Pferderassen auch nur für bestimmte Disziplinen aus.

Da haben wir zum einen die Vollblüter, die sich neben den Einsätzen im Rennsport und vor allem zur Veredlung in der Zucht, für die Dressur, das Springen, die Vielseitigkeit, zum Voltigieren oder aber für Jagden eignen.

Den Warmblütern können wir die gleichen Einsatzgebiete zuordnen.

Araber und Appaloosa sind häufig beim Distanzreiten anzutreffen. Quarter Horses, aber auch wieder die vorgenannten Appaloosas sowie andere Rassen sind beim Westernreiten in unterschiedlichen Disziplinen zu sehen.

Ponys und besonders Reitponys dürfen wir durchaus als Allrounder bezeichnen, einsetzbar für Springen, Dressur, Jagden und nicht zu vergessen das Fahren.

Jede Disziplin und jede Sportart bringen unsere Pferde an ihre Leistungsgrenze! Sind wir uns dieser Tatsache bewusst und setzen unseren Partner richtig und entsprechend dosiert ein, haben wir einen weiteren Stressfaktor weitestgehend im Griff.

Gehen wir in der Arbeit mit dem Pferd einen Schritt weiter und wenden unseren Blick auf die Gymnastizierung. Die Spezialisierung auf eine bestimmte Disziplin kann

Die Möglichkeiten der gymnastizierenden Arbeit mit dem Pferd sind vielfältig – am Boden und unter dem Sattel.

dazu führen, dass immer dieselben Muskeln und Gelenke beansprucht werden. Daher gibt es in der Aufwärmphase oder an einem regenerativen Ruhetag die Möglichkeit, die Gymnastizierung und die Bodenarbeit abwechslungsreich zu gestalten.
Im Gegensatz zu früheren Zeiten, als Begriffe wie »Horsemanship« oder »Pferdemensch« nicht so geläufig waren (viele Reiter ritten einfach drauflos), ist es heutzutage durchaus sinnvoll, sich mit einem Trainingsplan zu beschäftigen. Hierfür sollte man einen Reitlehrer oder dahingehend ausgebildeten Therapeuten zurate ziehen.

Aber auch der Pferdebesitzer selbst ist durchaus in der Lage, unter der Berücksichtigung einiger Aspekte, eigenständig, im Sinne der Gesunderhaltung der Pferde mit eben diesen präventiv zu arbeiten.
Beginnen wir damit, dass wir immer den aktuellen Fitnesszustand unseres Pferdes im Fokus haben und einen guten Mittelweg zwischen Anspannung und Entspannung in der Trainingsarbeit finden. Vergessen wir nicht, ein dauerhaft angespannter Muskel wird auf der Nährstoffebene unterversorgt und neigt somit zu Verspannungen. Eine Pause in der Arbeit kann eine schöne Belohnung für das Pferd sein. Eine Entspannungsphase oder eine Pause beugt nicht nur der körperlichen, sondern auch der mentalen Ermüdung vor.

Der Zeitfaktor in der Aufwärmphase ist ein ebenfalls nicht zu vernachlässigender wichtiger Aspekt. Dieser hängt von verschiedenen Faktoren ab, wie Trainingszustand, Alter, Rasse, Jahreszeit usw. Es empfiehlt sich mit einer mindestens 10- bis 20-minütigen Schrittphase zu beginnen, es dürfen auch ruhig 30 Minuten sein, damit das Pferd erst einmal in »Tritt« kommt, abhängig von den bereits erwähnten Faktoren. Wir vermeiden es ja auch, beim Autofahren einen Kaltstart hinzulegen. Es ist ein durchaus ernst gemeinter Vorschlag, darüber nachzudenken, das Pferd während dieser Phase zu führen, denn auch wir sollten uns vor dem Reiten aufwärmen. Das kommt nicht nur unseren Pferden, sondern auch uns zugute.

Unabhängig von der Reitweise gelten für jedes Pferd die gleichen Richtlinien für eine »gesunde« Haltung unter dem Reiter.

Das Training abwechslungsreich gestalten: mit Bodenarbeit ...

Der wichtigste Punkt dürfte jedoch die Abwechslung, sowohl während der Gymnastik, der regenerativen Arbeitsphasen, als auch bei der eigentlichen Reiterei sein. Jeden Tag die gleichen Übungen schlagen auch hier schnell in Langeweile und Eintönigkeit um. Wir möchten schließlich auch jeden Tag neu gefordert werden und nicht nur nach Schema F handeln und genauso geht es unseren Pferden. Nichts ist schlimmer als Monotonie!

Es liegt in unserer Hand, die tägliche Arbeit neu zu gestalten. Sei es mit Stangenarbeit, hierbei könnten unterschiedliche Abstände und Farben beachtet werden, bei der Cavalettiarbeit, mit anspruchsvollem Longieren, Freispringen, Arbeiten mit Tonnen und Planen für das Nervenkostüm oder aber bergauf und bergab reiten oder führen.

Haben wir diese wenigen Punkte der Prävention im Blick, auch wenn es noch um ein Vielfaches mehr gibt, haben wir den »bösen« Verspannungen vorbeugend schon eine Menge Wind aus den Segeln genommen.

Wie schon erwähnt, ersetzen diese Maßnahmen nicht gänzlich den Besuch der Tierärzte oder der verschiedener Therapeuten, aber im Zuge der Gesunderhaltung und des Wohlbefindens unserer Pferde haben wir im Rahmen unserer Möglichkeiten schon eine Menge erreicht.

Einige Hinweise auf richtiges Training

Der Trainingsplan

Bevor wir auf die jetzt folgenden Einzelheiten eines Trainingsplanes eingehen, einige grundsätzliche Bemerkungen.

Nicht jeder, der ein Pferd hat, reitet/fährt oder sich wie auch immer mit ihm beschäftigt, kann sich vorstellen, dass es auch im gesamten Freizeitbereich Sinn macht, einen organisierten Trainingsplan aufzustellen. In diesem Zusammenhang ist ein Trainingsplan auch so zu

... und koordinatorischen Übungen, wie hier rückwärts im L.

verstehen, dass ich in meinem täglichen/wöchentlichen Reitprogramm einige Sequenzen einbaue, die meinem Pferd und mir etwas mehr Freude und Beweglichkeit unter dem Sattel oder durch Bodenarbeit vermitteln.

Training

Training heißt immer, die Leistungsfähigkeit des Pferdes an die steigenden Anforderungen anzupassen.

Gestaltet man dies gezielt, schützt die muskuläre und konditionelle Ausgewogenheit vor Verletzungen.

Training bedeutet aber auch, das erreichte Niveau von Reiter und Pferd zu erhalten.

Auch die Abstimmung zu diesem Thema mit einer Reitbeteiligung, die sich ums Pferd kümmert, ist sinnvoll und zielführend. Wir werden hier nur ganz allgemein auf den Trainingsplan eingehen, da solche Pläne nicht als Blaupause anzuwenden sind, sondern immer individuell abgestimmt sein müssen.

Stellen wir uns die Fragen: Was möchte ich mit meinem Pferd machen? Was möchte ich am Ende erreichen? Haben wir uns dies klargemacht, kommt das Wichtigste: die Bestandsaufnahme. Wie ist der Zustand meines Pferdes? Kommt es aus einer Verletzungspause, kommt es aus einer Winterpause ohne Turniere oder unternehme ich die ersten Schritte mit einem jungen Pferd? Allgemein sind Alter, Rasse und Geschlecht ein nicht zu unterschätzender Gesichtspunkt in der Trainingsarbeit.
In allen Fällen sollte das Training auf die Bedürfnisse des Pferdes in der jeweiligen Situation abgestimmt werden.

Verbesserung
Grundsätzlich möchten wir durch das Training die Kondition, die Beweglichkeit, die Kraft, die Schnelligkeit und die Ausdauer verbessern.

Heutzutage sind viele moderne Trainingsmethoden sowohl im Breitensport als auch im Hochleistungssport in der Reiterei anwendbar, wobei gefährliche Überforderungen, bei richtiger Handhabe, vermieden werden können.

Die im Trainingsplan ausgearbeitete Belastung setzt sich immer zusammen aus:

- Trainingsumfang
- Trainingsdauer
- Trainingshäufigkeit

Wir sollten uns immer bewusst sein, dass der erarbeitete Leistungszuwachs schneller wieder verschwindet als wir ihn erarbeitet haben, wenn wir in unserer Trainingsarbeit nachlässig werden. Die mühevolle Arbeit wäre dann für die Katz!

Wie gehe ich nun beim Training vor?

Grundsätzlich ist zu sagen, dass der Faktor Zeit ein sehr wesentlicher Aspekt ist. Ruhig auch einmal einen guten Schritt zurückmachen bei der Arbeit, als zwei schlechte vorwärts, wenn es nicht so klappt.

Am besten starten wir mit einer gut durchdachten Bodenarbeit, bevor wir in den Sattel steigen. Einer der Vorteile der Bodenarbeit ist, dass nicht nur unser Pferd aufgewärmt wird, sondern auch wir, weil wir uns währenddessen bewegen.

Verlegen Sie doch einmal die aufwärmende Bodenarbeit ins Gelände.

Wir beginnen damit, unser Pferd in aller Ruhe im Schritt zu führen, damit sich die Gelenkschmiere gut verteilen kann und es »gut in Tritt« kommt. Um die Konzentration zu steigern, können wir gerne Stangen mit einbauen. Diese legen wir so, dass das Pferd, ohne aus dem Takt zu kommen, über sie hinwegschreiten kann. Wenn wir die Stangen im richtigen Abstand gelegt haben, können wir diese auch nutzen, unser Pferd durch die am Boden liegenden Stangenabstände hindurchzuführen, wodurch wir uns immer auf einer gebogenen Linie befinden. Wir nutzen jetzt nicht unbedingt jeden Zwischenraum, aber jeder zweite Abstand sollte zum Lockern und Gymnastizieren schon reichen. Zwischendurch auch immer wieder einmal anhalten. Dauert die Schrittphase an der Hand schon ein wenig an, können wir unser Pferd auch immer wieder einmal rückwärtsrichten, um Aufmerksamkeit und Konzentration zu steigern.

Diese Übungen führen wir in aller Ruhe durch und auf keinen Fall zu lange. Einige wenige Sequenzen, die gut ausgeführt werden, reichen völlig. Klappt dies, sollten und dürfen wir mit Lob für unser Pferd nicht sparen.

Diese Trainingseinheiten eignen sich auch hervorragend für die Arbeit an der Longe, wenn wir die Stangen gut in den richtigen Abständen positioniert haben. Hierbei ist darauf zu achten, dass die Abstände der Stangen für den Schritt und den Trab auf einer gebogenen Linie unterschiedlich gelegt sein müssen. Aber Vorsicht, wir sollten das Longieren auf keinen Fall unterschätzen. Vor einigen Jahren ist man noch davon ausgegangen, dass man das Pferd einfach im Kreis um sich herumlaufen lässt. Mittlerweile hat die Sportwissenschaft auf diesem Gebiet jedoch große Fortschritte gemacht und man ist zu dem Schluss gekommen, dass Longieren, falsch durchgeführt, auf Dauer zwingend schädlich für die

Stangenarbeit im Schritt.

Gesundheit des Pferdes sein muss. Durch das Laufen im Kreis und die dadurch entstehenden Kräfte, gerät unser Pferd, korrigieren wir dies nicht umgehend, in eine Schieflage auf der Kreisbahn, die widernatürlich ist. Durch das falsche Belasten der inneren Schulter entstehen so zwangsläufig Schäden an Gelenken, Sehnen und Bändern, da Pferde von Natur aus anatomisch nicht dafür geeignet sind, auf einer Kreisbahn zu laufen.

Aber wir möchten hier keine Angst vor dem Longieren schüren, sondern lediglich darauf hinweisen, dass diese Art des Trainings hoch komplex ist und dass wir als Verantwortliche für unser Pferd vorher viel mehr lernen und beachten müssen, als das Pferd während des Trainings selbst, da wir Fehlhaltungen sofort korrigieren müssen. Das bedeutet, dass unser Auge für Fehler, die das Pferd unbeabsichtigt macht, geschult werden muss.

Über weitere wichtige Möglichkeiten, das Pferd nach biomechanischen Grundlagen zu longieren, folgt am Ende des Kapitels ein Beitrag von Babette Teschen und Tania Konnerth.

Die Bodenarbeit an der Hand zu Beginn sollte eine Dauer von 10 Minuten nicht unterschreiten. Hat unser Pferd diese erfolgreich, ruhig und mit viel Lob absolviert, folgt nun die Arbeit unter dem Sattel im Schritt. Beginnen sollten wir diesen Teil der Arbeit am langen Zügel auf der ganzen Bahn und/oder auf dem Zirkel. Dem angeschlossen haben wir auch hier die Möglichkeit einiger Übungen zum Gymnastizieren wie das Reiten von großen, gebogenen Linien. Wir können ebenfalls wieder die Stangen nutzen, um über sie hinweg zu reiten oder aber durch die Zwischenräume, um unser Pferd auf der gebogenen Linie zu lockern. Wichtig

Das Pferd ausgebunden an der Longe gemäß der ›Richtlinien für Reiten und Fahren‹.

bei allen genannten Lektionen ist auch unbedingt daran zu denken, immer wieder Handwechsel vorzunehmen. Auch das Anhalten und Rückwärtsrichten sollten wir in diese Phase wieder mit einbauen.
Auch hier ist, wie bei der Bodenarbeit, darauf zu achten, nicht zu viel zu machen und unser Pferd nicht zu überfordern. Mit Lob ist in diesem Fall, wie im Übrigen bei allen anderen Übungen, nicht zu sparen. Wir möchten Losgelassenheit erzielen und nicht das Pferd durch eine Überforderung verkrampfen. Es sollte locker und im Takt laufen. Wir arbeiten während der gesamten Trainingsarbeit nach dem Motto: **Weniger ist manchmal mehr!**

Schritt sollte man nicht unter 10 Minuten reiten, das gilt ebenso für die gymnastizierenden Übungen, die sich daran anschließen.
Hat unser Pferd im Schritt eine gewisse Durchlässigkeit erreicht, beginnen wir mit der Arbeit im Trab. Wie bei der Bodenarbeit und dem darauffolgenden Reiten im Schritt, geht es auch im Trab darum, unser Pferd viel auf einer gebogenen Linie zu halten. Übungen wie Schlangenlinien, Volten, aus der Ecke kehrt, Zirkel verkleinern und vergrößern, aus und durch den Zirkel wechseln sind tolle Übungen, um die gewünschte Lockerheit und Durchlässigkeit unseres Pferdes zu erreichen. Haben wir unsere Stangen für den Trab vorher in den richtigen Abständen positioniert, traben wir über diese zum Lockern im Leichttraben hinweg, durchaus auch auf einer gebogenen Linie, wie zum Beispiel an der offenen Zirkelseite
Ebenso können wir Tempounterschiede einbauen oder aber auch Übergänge von Schritt zu Trab und umgekehrt. Auch Übergänge von Trab zu Galopp und andersherum fördern die Durchlässigkeit unseres Pferdes

Hat unser Pferd alle drei Grundgangarten erfolgreich und ohne Hektik und Stress absolviert, lassen wir die Zügel aus der Hand kauen und reiten oder führen es zum Abschluss entspannt im Schritt.

Schrittarbeit zum Aufwärmen muss nicht langweilig sein. Gymnastizierende Biegung wie hier im Kurzkehrt trainiert Beweglichkeit und Koordination.

Entspannter Schritt am langen Zügel.

Wie in unseren Ausführungen festzustellen ist, handelt es sich hierbei ausschließlich um Elemente aus der Dressurreiterei. Es ist völlig egal, in welchem Trainingsstadium wir mit unserem Pferd arbeiten, oder welche Disziplin wir verfolgen, die Grundlagen der Dressur sind für den reinen Takt und die Losgelassenheit unabdingbar.

Zum Abschluss dieses Themas noch einige sehr wichtige Hinweise.
Für das optimale Lernen unseres Pferdes benötigen wir eine ruhige und entspannte Arbeitsatmosphäre. Wir sollten geduldig, in kleinen Einzelschritten arbeiten, mit vielen Wiederholungen und noch mehr Lob.

Vorsicht

Wir müssen immer darauf achten, unser Pferd nicht zu überfordern, da es sich hier um vielleicht bisher ungewohnte Bewegungsabläufe handelt!

Ein ebenfalls nicht zu unterschätzender Aspekt ist die Bodenbeschaffenheit. Er darf weder zu tief, noch rutschig, uneben oder zu hart sein. All diese Faktoren können unser Pferd in seinem Bewegungsablauf beeinträchtigen, sind schädlich für Sehnen, Bänder und Gelenke und können es zudem verunsichern.

Natürlich sind die Bodenverhältnisse in freier Wildbahn nicht die eines Perserteppichs, aber dort muss sich das Pferd auch nicht auf einen Reiter konzentrieren, oder auf eine Arbeit, für die es von Natur aus nicht konzipiert ist.

Dies sollen nur einige Anregungen für die Erstellung eines Trainingsplans sein. Wie schon erwähnt, muss das Training immer individuell auf das jeweilige Pferd abgestimmt werden. Es macht demnach überhaupt keinen Sinn, allgemeine Trainingspläne zu erstellen.
Sind wir mit unserem Pferd aktiv im Turniersport unterwegs, gibt es noch weitaus mehr Aspekte zu berücksichtigen, wie zum Beispiel die Arbeit kurz vorher, nach und zwischen den Turnieren. Hier ist es dann sinnvoll, die Pläne gemeinsam mit den jeweiligen Trainern oder Reitlehrern zu erarbeiten, genauso wie es sinnvoll ist, Pläne nach Verletzungen oder Krankheitspausen mit den jeweiligen Tierärzten und/oder Therapeuten zu erstellen, um Überforderungen und damit einhergehende neue Verletzungen oder Verspannungen zu vermeiden.

Unsere Ausführungen können und sollen nur als Anregung und Hilfestellung dienen, damit man sich eine Vorstellung macht, was alles beim Training vom Boden, unter dem Sattel oder auch angespannt, trainiert werden kann, damit mein Pferd fit wird, bleibt und vor allem, dass ein einmal erreichtes Niveau erhalten bleibt.
Wie schon gesagt: Muskeln bauen sich extrem schnell ab. Der Aufbau erfolgt aber im Verhältnis dazu extrem langsam. Also sorgen wir mit unseren Möglichkeiten dafür, das Einmal erreichte zu erhalten.

Longieren nach dem Longenkurs von Babette Teschen und Tania Konnerth

Vorweg ist zu den beiden entwickelten Longierkursen anzumerken, dass es sich um ein bewährtes System handelt. Trotzdem werden damit nicht die Anforderungen, wie sie in den Richtlinien für Reiten und Fahren für korrektes Longieren beschrieben werden, erfüllt. Dies bedeutet, um ein Longierabzeichen zu erhalten, ist ein entsprechend den Vorgaben der FN durchgeführter Lehrgang mit abschließender Prüfung zu absolvieren.

Auf die Methode von Babette Teschen und Tania Konnerth wollen wir aber nicht verzichten und hier einen entsprechenden Querverweis anbringen.

Babette Teschen hat sich mit ihrer Kollegin Tania Konnerth seit Jahren europaweit einen sehr guten Namen mit ihren Vorstellungen von korrektem, biomechanisch pferdefreundlichem Longieren gemacht. Hier ein Beitrag von den Ausbilderinnen, in dem sie auf die wesentlichen Aspekte des Longierens nach ihren Vorstellungen eingehen, sowohl mit der einfachen als auch mit der Doppellonge.

Leider sind Pferde von Natur aus nicht dazu gemacht, uns Menschen zu tragen, so dass wir sie erst durch ein sinnvolles und individuell abgestimmtes Training dazu befähigen müssen. Nach dem Motto »Hauptsache, die Nase ist unten« laufen unzählige von Pferden Tag für Tag auf der Vorhand, ohne auch nur eine Idee davon zu haben, wie sie sich und das zusätzliche Reitergewicht gesundheitserhaltend und schmerzfrei tragen können. Da Pferde stumm leiden, merken die meisten von uns leider erst dann etwas von Rückenschmerzen Verspannungen und Blockaden, wenn sich massive Probleme zeigen. Diese werden von vielen dann allerdings vorschnell als »Widersetzlichkeiten« abgetan und mit dem Hinweis auf die (inzwischen komplett widerlegte!) Dominanztheorie oft hart bestraft. Was könnte sich alles ändern, wenn wir bereit sind, wirklich Verantwortung für die Laufmanier unseres Pferdes zu übernehmen, damit es uns gesundheitserhaltend und schmerzfrei tragen kann? Damit wir ein Pferd sinnvoll trainieren können, müssen wir verstehen, vor welche Schwierigkeiten wir es stellen, wenn wir mit ihm arbeiten. In freier Wildbahn läuft ein Pferd fast nur geradeaus. Es wendet vielleicht mal abrupt oder biegt ab, nie aber läuft es dauerhaft auf einer gebogenen Linie oder gar auf einem Kreis. Dementsprechend weiß ein Pferd natürlicherweise nicht, wie es auf eine gesundheitserhaltende Art auf einer gebogenen Linie laufen kann. Genau das müssen wir ihnen erst vermitteln.

Ohne Hilfestellung laufen Pferde an der Longe in den meisten Fällen in folgender Manier: Sie fallen ohne jede Biegung deutlich sichtbar auf die innere Schulter und kippen ähnlich wie ein Motorrad in den Kreis. Läuft ein Pferd dauerhaft so, kommt es zur Überlastung von Sehnen, Bändern und Gelenken.

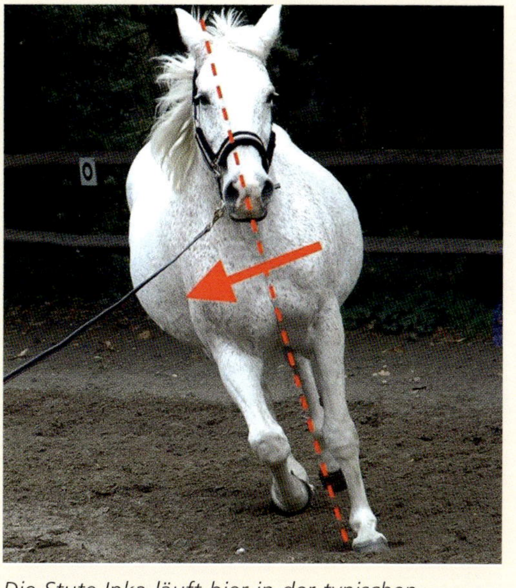

Die Stute Inka läuft hier in der typischen Schräglage an der Longe.

Pepe läuft hier in guter Balance, Biegung und mit aktiver Hinterhand.

Ein Pferd, welches auf die innere Schulter fällt, kann mit dieser nicht raumgreifend vortreten, da das ganze Gewicht auf ihr lastet und sich das Pferd schnell wieder abstützen muss, um nicht umzufallen. Durch diese verkürzte Vorhandbewegung wird auch die Hinterhand im Vortreten gehemmt. Die Folge sind verkürzte und harte, so genannte gebundene Gänge. Wird ein Pferd in dieser Laufmanier an der Longe trainiert, wird sich nicht die Muskulatur aufbauen können, die wir brauchen, damit wir ein Pferd gesundheitserhaltend mit unserem Gewicht belasten dürfen.

Stattdessen besteht die Gefahr, dass eine schlechte Laufmanier an der Longe beim Pferd zur Überlastung von Sehnen, Bändern und Gelenken führt. Es ist also unsere Verantwortung und Aufgabe, dem Pferd die gesunde Bewegungsmanier an der Longe zu »erklären«. Denn nur ein Pferd, welches sich auf der Kreislinie in der Schulter aufrichtet, gewinnt Schulterfreiheit, wodurch dann überhaupt erst die Hinterhand gut unter den Schwerpunkt treten kann und die Gänge raumgreifend und weich, also ungebunden, werden können und das Pferd die gewünschte Kraft und Muskulatur entwikkeln kann. Pferde, die eine gute Laufmanier an der Longe erlernt haben, laufen losgelassen in einer guten Schulterbalance, biegen sich im Körper, zeigen eine aktive Hinterhand und eine positive Spannung in der Oberlinie. Diese Pferde erhalten die optimale Vorbereitung für ihre Nutzung als Reitpferd und können dadurch motiviert und leistungsbereit mit ihren Menschen kooperieren.

All diese notwendigen Lernschritte sind Bestandteil des Longenkurses von Babette Teschen und Tania Konnerth, einem Online-Selbstlernkurs mit dessen Hilfe Pferdemenschen lernen, mit welchen Übungen, Ausrüstungsgegenständen und mittels welcher Hilfengebung das Pferd auf einem freundlichen und abwechslungsreichen Weg lernt, biomechanisch korrekt an der Longe zu laufen

Das Pferd bewegt sich korrekt an der Doppellonge.

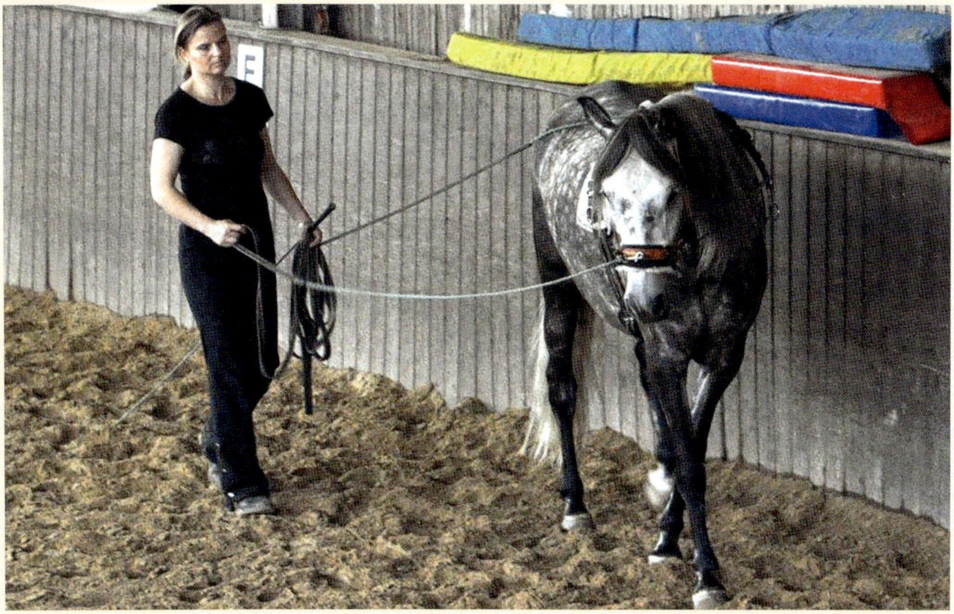

Eine weitere Möglichkeit, das Pferd an der Doppellonge zu arbeiten. Dies bietet sich besonders dann an, wenn ohne Reitergewicht trainiert werden soll. Daneben gibt es noch erheblich mehr Gründe, auf diese Art ein Pferd zu arbeiten. Es ist aber unerlässlich, sich mit der Doppellonge durch kompetente Ausbilder vertraut zu machen.

Wellness

Ergänzende Maßnahmen und Methoden, die sich im Zusammenhang mit der Pferdemassage als Wellnessanwendungen anbieten

Um es nochmal deutlich zu machen: Die Grenzen zwischen klassischer Massage und Wellness sind fließend und nicht direkt voneinander abzugrenzen.

Der Einsatz des Solariums

In vielen Reitställen ist heute ein Solarium zu finden. Manche haben viel Staub angesetzt und zeigen uns, dass sie selten benutzt werden. Andere Pferdehalter nutzen ein Solarium, um das Pferd nach dem Reiten zu trocknen, dies insbesondere im Winter. Wenn dann das Pferd noch eine Decke erhält, hat man so ziemlich alles falsch gemacht, was man falsch machen kann.

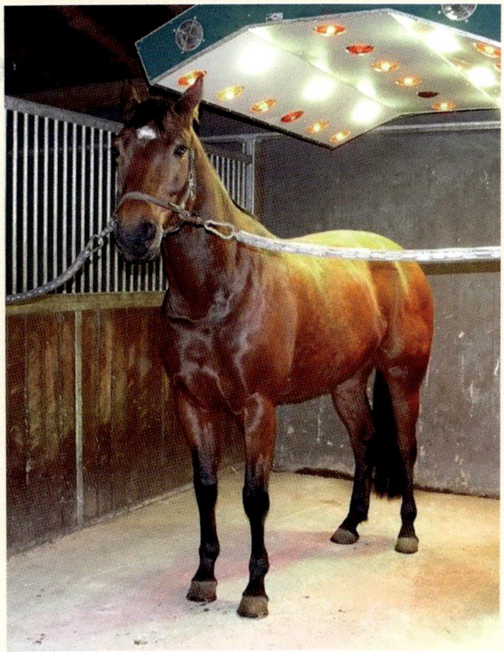

Nachfolgender Beitrag sollte vielen Pferdebesitzern zu denken geben.

Kalt – Warm – Heiss

Unter dieser Überschrift finden Sie nachstehend einen bemerkenswerten Beitrag von Dr. med. vet Dorothee Meyer von der Firma iWEST.

- Soll mein Pferd nach intensiver Arbeit unter das Solarium oder sollte es lieber unter der Abschwitzdecke abtrocknen?
- Soll ich meinem Pferd die Beine kalt abspritzen oder lieber doch nicht?

Viele machen beides: Sie spritzen ihrem Pferd nach dem Reiten mit kaltem Wasser die Beine ab und stellen es anschließend unter ein Solarium.
Kaltes Wasser, um die Beine zu kühlen – und die Sonne auf dem Buckel wärmt und durchblutet die Haut, verkürzt das Trockenwerden. Die beste Pflege also, oder etwa nicht?
Tatsache ist, dass manche Pferde durch Scharren oder sonstige Unruhe ganz deutlich zeigen dass ihnen diese Art der Fürsorge nicht unbedingt rundum gut gefällt.

Welche Alternativen gibt es?

Die meisten Rennställe warten ihre Pferde nach intensiver Arbeit oder Rennen ganz anders ab: Sie benutzen zwar auch einen Wasserschlauch, aber aus dem kommt nicht kaltes, sondern fast schon heißes (etwa badewannenwarmes) Wasser, und damit werden die Pferde total

abgeduscht, anschließend mit dem Schweißmesser abgezogen, dann wird eine den ganzen Körper großzügig einhüllende Abschwitzdecke übergelegt und die Pferde werden geführt.
Solarium ist im Stall zwar vorhanden, aber das wird seltsamerweise in diesem Fall nicht zum Abpflegen der Pferde benutzt. Auch die Beine werden nach der Arbeit nicht kalt abgespritzt, sondern nur mit warmem Wasser abgewaschen. Allenfalls kommt nach dem Trockenführen der Pferde eine mit kaltem Wasser getränkte Bandage auf die Beine – darüber aber immer noch eine dicke, trockene Wollbandage. Haben diese Ställe nur zu viele Leute für zu wenig Arbeit? Mit Sicherheit nicht, gerade im Rennstall ist der Arbeitstag ziemlich lang und anstrengend.

Ein Blick ins Innenleben unserer Pferde zeigt uns ein extrem gut funktionierendes System zur Thermoregulation. Jede Temperaturänderung ruft körpereigene Reaktionen hervor. Und wer die kennt, der weiß zum Beispiel, warum Pferde nach der Arbeit ein heiß auf den Buckel brennendes Solarium keineswegs genießen.

Wir wissen, dass die Körpertemperatur bei uns, wie auch bei unseren Pferden unabhängig von der Außentemperatur in sehr engen Grenzen konstant gehalten wird. Beim ausgewachsenen Pferd individuell schwankend etwa zwischen 37,2°C und 37,8°C; nur 1°C mehr und unser Pferd hat zum Beispiel bereits Fieber.

Dieser Regulationsmechanismus muss also ganz sensibel und schnell zwischen Wärmeerzeugung (= Heizung) und Wärmeabgabe (= Klimaanlage) schwanken können. Die Regulation der Wärmeabgabe erfolgt beim Pferd weitgehend physikalisch (Strahlung, Leitung, Konvektion und Verdunstung), die Wärmebildung weitgehend chemisch. Gesteuert wird das System zentral (zentrales Nervensystem und Hypothalamus) und wie jede hochmoderne vollautomatische Klimatechnik besitzt das System eine Menge »Temperaturfühler« (Thermorezeptoren zum Beispiel in der Haut, in der Muskulatur, in den inneren Organen). Betrachten wir einmal genauer die Mechanismen der Thermoregulation beim arbeitenden Pferd: Chemische Energie wird im arbeitenden Muskel verbrannt, dabei entstehen neben der Leistung automatisch Wärme, Abfallprodukte (zum Beispiel Milchsäure) und Kohlendioxyd, das über die Lunge ausgeschieden wird. Das Herz-Kreislaufsystem spielt bei der Arbeit eine entscheidende Rolle und ist eng mit der Thermoregulation verbunden, bzw. ein untrennbarer Teil des Systems.

Mit Beginn der Arbeit wird der Muskel sofort vermehrt mit Blut versorgt (erhöhter Nährstoff- und Sauerstoffbedarf) und die Durchblutung der Hautgefäße sinkt zunächst ab. Mit vermehrter Dauer und natürlich auch Intensität der Arbeit passt sich das Herz-Kreislaufsystem dem steigenden Nähr- und Sauerstoffbedarf des Körpers an (Anstieg des Pulsschlags zum Beispiel), und sobald die Muskulatur sich mit zunehmender Arbeitsleistung immer mehr erwärmt, werden die Hautgefäße wieder vermehrt gefüllt, damit die überschüssige Wärme zunächst über die Haut mittels Strahlung abgegeben werden kann. Bei anhaltender Arbeit treten dann die dem System angeschlossenen Schweißdrüsen (in Abhängigkeit von der Umgebungstemperatur und der Luftfeuchte) zur verstärkt notwendigen Wärmeableitung in Aktion, das Pferd beginnt zu schwitzen.

Die Ableitung der Wärme erfolgt nun vermehrt über die beim Schwitzen entstehende Verdunstungskälte. Intensiver müssen wir für unsere Fragestellung, wie pflegt man ein Pferd richtig ab, auf dieses hochkomplizierte und genial funktionierende Thermoregulationssystem gar nicht eingehen. Es genügt die Grundkenntnis, dass in diesem System die Intensität der Durchblutung der Haut und die des Muskels getrennt voneinander funktionieren, insbesondere wenn das Herzkreislaufsystem noch nicht oder nicht mehr arbeitsphysiologisch belastet wird.

Mit diesen physiologischen Kenntnissen kommen wir zur Praxis und bringen ein Pferd nach der Arbeit unter ein Solarium: Der Pferdekörper ist erhitzt (mit der Arbeit erhöht sich je nach Intensität derselben auch die innere Körpertemperatur, das kann man mit dem Thermometer beweisen), insbesondere die Muskulatur und zudem finden sich in der Muskulatur vermehrt mit der Arbeit entstandene Stoffwechselschlacken (Milchsäure zum Beispiel), das Ionengleichgewicht zwischen intra- und extrazellulärer Flüssigkeit ist noch nicht wiederhergestellt, kurzum eine vermehrte Durchblutung der Muskulatur ist notwendig, um den Körper zu regenerieren.

Was passiert, wenn das Solarium, in der Meinung etwas Gutes zu tun, voll aufgedreht und möglichst dicht an den Pferdekörper gebracht wird?
Es fließt vermehrt Blut in die Hautgefäße (Reaktion der Thermoregulation), damit verringert sich (da das Herz-Kreislaufsystem zudem noch in die Ruhewerte zurückkehrt, also über diesen Weg der Blutdurchfluss ebenfalls verringert wird) die Durchblutung der unter der Haut gelegenen Muskulatur, die Entfernung der Stoffwechselschlacken, und die Wiederherstellung eines gesunden Zellmilieus wird behindert, weil die Blutverteilung in Richtung Hautoberfläche erfolgt und somit die Durchblutung der Muskulatur abnimmt.
Ein Pferd nach der Arbeit trocken zu reiten oder zu führen und, wie man das ganz früher tat, mit gedrehten Strohwischen energisch trockenzureiben, wird dem Thermo-Regulationssystem der Natur also wesentlich gerechter.

Sie haben ein Solarium im Stall und Sie können gerade jetzt im Winter nicht bis spät abends darauf warten, bis Ihr Pferd unter der Abschwitzdecke trocken geworden ist, um anschließend die Decke zu wechseln? Dann geht es Ihnen wie den meisten Pferdebesitzern. Um die Muskulatur Ihres Pferdes zu schützen, sollten Sie dafür Sorge tragen, dass möglichst alle Stoffwechselschlacken daraus entfernt sind. Das ist relativ leicht zu tun, Sie lassen hierfür Ihr Pferd nach der Trainingsarbeit noch ruhig abtraben (da kann man gleich das Zügel-aus-der-Hand-kauen-Lassen üben!), fleißigen Schritt am langen Zügel gehen lassen, nach Beruhigung der Atmung je nach Schwitzen eventuell nochmals ruhig abtraben und wieder Schritt gehen. Nichts reinigt die Muskeln besser von Stoffwechselschlacken wie zum Beispiel Milchsäure! Bis zum Absatteln eine Abschwitzdecke auflegen, und dann kann das Pferd auch in das Solarium. Aber bitte nicht die Haut überhitzen! Wohlige Körperwärme (nicht mehr!) ist der Richtwert, nach dem das Solarium einzustellen ist. Dann genießen es die Pferde auch.

Und was machen wir mit den Beinen? Intensives, lang dauerndes Abspritzen mit eiskaltem Wasser verengt sofort reflektorisch die Hautgefäße. Beim Pferdebein befinden sich unterhalb des Karpalgelenks fast nur noch Haut, Sehnen- und Knochengewebe, so dass bei lang dauerndem Abspritzen wirklich das ganze Bein zu »Eisbein« wird, die Entfernung der Stoffwechselschlacken kann so nicht erfolgen.
Zwar erwärmt sich später das Bein wieder, weil die Hautgefäße auf den Reiz der Außenkälte sich nachfolgend reaktiv vermehrt öffnen, aber damit wird wiederum nur den tiefer gelegenen Strukturen Blut (und damit die Basis für Regeneration) entzogen. Zudem ist die Zirkulation (da das Pferd in Ruhe ist) nicht mehr ausreichend, um Schadstoffe noch über diesen Weg ausreichend abtransportieren zu können.

Wäscht man dagegen die Beine nur mit warmem Wasser ab, oder bewegt ein Pferd beim Trockenführen, so wird diese Aufräumaktion nicht gestört. Das oben bereits angesprochene Einbandagieren der Beine mit in kaltem Wasser getränkten Bandagen und Überbandagieren mit dicken Wollbandagen (wichtig!!) ist im Gegensatz zum intensiven kalt Abspritzen sehr empfehlenswert, zumindest bei empfindlichen oder vorgeschädigten Beinen. Zunächst schließen sich zwar auch durch

das Aufbringen der kalten Bandagen kurz die Hautgefäße, die Durchblutung der tieferen Schichten ist aber ungestört, weil die Bandagen sich relativ schnell wieder anwärmen.
Durch den Kältereiz öffnen sich kurz darauf die Hautgefäße wieder vermehrt (so wie Sie im Winter eine rote Nase bekommen!) und damit kommt es reaktiv zu einer vermehrten Wärmebildung, die durch die Wollbandagen an Ort und Stelle gehalten wird. Die Beine kühlen von innen nach außen langsam ab.

Probieren Sie es aus: Wenn Sie nach dem Reiten die Beine auf diese Weise einbandagieren und später Ihr trockenes Pferd nach dem Solarium in den Stall bringen und die Beine wieder auspacken, so ist die ehemals kalte, feuchte Bandage warm, die Beine Ihres sind Pferdes ›normal‹, angenehm kühl, aber eben nicht unphysiologisch kalt oder warm.
In der vier Abbildungen unten sehen Sie eine schematischen Darstellungen zur unterschiedliche Blutvolumenverteilung bei unterschiedlichen Umgebungstemperaturen und Arbeitsanforderungen.

Wenn es bei dem Artikel von Dr.med.vet Meyer darum geht, sein Pferd nach der Arbeit sachgerecht zu versorgen, geht es jetzt im folgenden Kapitel um die sinnvolle therapeutische Nutzung von Wasser.
Jeder, der heute in einen Pferdebetrieb kommt, sieht, wie zum Teil Pferde völlig falsch mit Wasser behandelt werden. Deshalb möchten wir im nächsten Kapitel einige grundsätzliche Hinweise zur richtigen Anwendung von Wasser geben.

Schematische Darstellungen über die unterschiedliche Blutvolumenverteilung bei unterschiedlichen Umgebungstemperaturen und Arbeitsanforderungen

A: Das Pferd befindet sich unter kühlen Wetterbedingungen in Ruhe. Das meiste Blut befindet sich im Bereich der inneren Organe, insbesondere Lunge.

B: Dieses Pferd befindet sich ebenfalls in Ruhe, allerdings unter hohen Außentemperaturen. Die Haut wird vermehrt durchblutet, um Hitze vom Körper abzuleiten, daraus resultiert eine Minderdurchblutung im Bereich der Muskulatur. Nur die wichtigen inneren Organe bleiben gut durchblutet.

C: Arbeitendes Pferd bei kühler Außentemperatur. Die Muskulatur wird entsprechend der Arbeit vermehrt durchblutet, allerdings besteht durch die kühle Umgebungstemperatur und relativ geringe Arbeitsintensität kein Bedarf für vermehrte Hautdurchblutung, da die Wärme problemlos abgeleitet werden kann.

D: Hart arbeitendes oder bei hohen Außentemperaturen arbeitendes Pferd. Die Durchblutung der Muskulatur konkurriert mit der Notwendigkeit vermehrter Hautdurchblutung, um Hitze ableiten zu können. Hinzu kommt massiver Schweißverlust, der das Blutvolumen insgesamt reduziert. Große Belastung des Herz-Kreislaufsystems.

Bildnachweis:
The Athletic Horse
Hodgson - Rose
SAUNDERS

Wasser-Therapien

Wasser als Therapie nach den Regeln des Pfarrers Sebastian Kneipp

Wassertherapie

»Das Wasser hat große Wirkungen, gewiss, es leistet mitunter Unglaubliches, aber wenn der Mensch nicht will, dann ist alles aus, gegen Dummheit kämpfen selbst Götter und Wasserströme vergebens.« (Sebastian Kneipp)

Der nachstehende Beitrag entstammt den Veröffentlichungen von www.winterschwimmer.de

Vorweg ein kurzer Überblick über die Entwicklung der Kneippschen Wassertherapie.

Kaum jemand wird nicht schon von der Kneipp-Kur, der Therapie mit Wasser nach dem bekannten Pfarrer Sebastian Kneipp, gehört haben. Pfarrer Kneipp (1821–1897) war der bedeutendste unter den ›Wasserdoktoren‹. Sowohl seine Therapie als auch die damit verbundenen Forderungen an die Lebensweise des Menschen sind heute noch weit aktueller als zu seinen Lebzeiten.

Kneipp war der Sohn armer Webersleute in Stefansried im bayerischen Allgäu. Schon im Kindesalter musste er als Hüte-Bub und mit Gelegenheitsarbeiten zum Lebensunterhalt der Familie beitragen. Ein wohlhabender Gönner erkannte seine Intelligenz und schickte ihn aufs Gymnasium in Dillingen an der Donau. Anschließend ließ er ihn Theologie studieren, denn der sehnlichste Wunsch seines Schützlings war es, Priester zu werden.

Noch in Dillingen aber hatte Kneipp ein Erlebnis, das ihn an den Rand des Todes brachte und sein späteres Leben entscheidend beeinflusste. Als Folge der harten Kindheit, insbesondere der Arbeit am Webstuhl in kalten, zugigen Kellern, brach ein Lungenleiden bei ihm aus. Der Arzt sah in ihm bereits einen Todeskandidaten, aber er kannte nicht Kneipps starken Lebenswillen. Er wollte Priester und nicht im jugendlichen Alter begraben werden.

Durch Zufall oder Schicksal fiel ihm ein Buch in die Hände mit dem Titel: Die wunderbare Heilkraft des frischen Wassers bei dessen innerlichem und äußerlichem Gebrauch durch die Erfahrung bestätigt. Verfasser war der Schweidnitzer Wasserdoktor Dr. Johann Sigmund Hahn, und eine Kapitelüberschrift lautete: Wunderbare, schier unglaubliche Genesungserfolge bei schwersten Krankheiten.

Dreimal in der Woche machte er sich auf den Weg zur Donau, die eine gute Dreiviertelstunde entfernt war. Trotz der Kälte – es war mitten im Winter – zog er sich aus und rannte kurz durch den Schnee, bevor er für ein paar Sekunden in das eisige Wasser tauchte. Dann rubbelte er sich trocken, zog sich an und rannte im Dauerlauf nach Hause zurück, wo er völlig durchwärmt ankam. Fest in Decken gehüllt legte er sich ins Bett und schwitzte eine Stunde lang.

Einen anderen hätte diese Radikalbehandlung das Leben kosten können. Kneipp aber spürte zu seiner Freude, wie sich sein Zustand von Woche zu Woche besserte, bis er schließlich völlig gesund war.

Für den Arzt, der ihn nach einiger Zeit wieder untersuchte, war diese Heilung unbegreiflich, und er sprach staunend von einem Wunder.

So soll er ausgesehen haben: Sebastian Kneipp

Wie in diesem Abschnitt zu lesen, war es nicht wie allgemein angenommen Kneipp, der die Wassertherapie erfunden hat, sondern es waren die so genannten »Wasser-Hähne« Dr. Johann Sigmund Hahn und sein ältester Sohn, die Kneipp, nachdem er die Veröffentlichungen der Hahns gelesen hatte, dazu inspirierten, seine Wassertherapie anzuwenden. Er führte diese Form des Heilens zu einem Erfolg und zu einer Anerkennung, die bis heute anhält.

Wenn man heute in Pferdeställen sieht, wie unsinnig und mit wie wenig Kenntnis Pferde mit Wasser regelrecht traktiert werden, dann ist zu hoffen, dass die nachfolgenden Ausführungen und Hinweise dazu beitragen, Wasser nach den Regeln und Kenntnissen von Kneipp richtig anzuwenden. Dann nämlich hat Wasser nicht nur einen reinigenden Effekt, sondern trägt zum Wohlbefinden und zur Gesundheit unserer Pferde bei.

Allgemeine Bvemerkungen zur Wassertherapie

Schon der große Arzt Hippokrates stellte fest, dass die Anwendung von kaltem Wasser besser und wirkungsvoller sei als die Nutzung warmen Wassers. Dies wurde damit begründet, dass bei richtiger Anwendung, kaltes Wasser nachträglich für eine vermehrte Durchblutung der betroffenen Körperpartie sorgt.

Warme Anwendungen verlangen immer eine anschließende Abdeckung, wärmende Bandagen oder Decken. Damit wird verhindert, dass der Körper fröstelt.

Wenn man in der täglichen praktischen Arbeit in Reitställe kommt, sieht man, wie zum Teil völlig falsch mit Wasser an den Pferden hantiert wird. Sicher wird es so sein, dass die meisten es nicht besser wissen und deshalb einfach den zum Teil sehr heftigen Wasserstrahl auf den Pferdekörper halten. Viele Pferde zeigen durch Unruhe oder andere Signale, dass ihnen diese Art Behandlung oder Reinigung sehr unangenehm ist.
Sicher ist es manchmal an stark verschmutzten Partien nötig, Wasser konzentriert einzusetzen. Ein Schwamm oder eine weiche Bürste wird dem Pferd aber bestimmt angenehmer sein, als ein starker, konzentrierter Wasserstrahl.
Bei verschwitzten Pferden sind meistens aber ein weicher Wasserstrahl und ein Schwamm ausreichend.

Wenn wir hingegen eine tonisierende (anregende) und trainierende Wirkung auf das Herz-Kreislauf-System haben wollen, und wenn die Atmung und der Wärmehaushalt trainiert werden sollen, dann sind die Erkenntnisse und die Vorgehensweise von Kneipp sehr gut geeignet und entsprechend den nachfolgenden Beschreibungen anzuwenden.

Güsse richtig anwenden

Unabhängig von den folgenden Hinweisen zur richtigen Anwendung von Kneippschen Güssen sollte unbedingt Folgendes beachtet werden.

Wenn Sie Ihr Pferd mit Wasser abspritzen möchten, tun Sie das in dieser Reihenfolge:
Hinterbein rechts, Vorderbein rechts, Hinterbein links, Vorderbein links (siehe Fotos unten).
Mit dieser Vorgehensweise stellen Sie sicher, dass immer in Richtung Herz gearbeitet wird.

Nachstehend finden Sie einige Anregungen und Hilfen, wie man die Kneippschen Güsse beim Pferd richtig anwendet.

Die hier vorgestellten Güsse sind nicht vollständig gezeigt. Aus dem Bereich der Anwendung beim Menschen gibt es noch etliche weitere Techniken. Diese sind aber für das Pferd nicht immer eins zu eins umzusetzen. Es ist bei einigen Wasseranwendungen unbedingt erforderlich, vorher einen in der Kneippschen Wassertherapie erfahrenen Tierarzt/Tierheilpraktiker oder Pferdephysiotherapeuten zu fragen. Man unterschätzt die Wirkung des Wassers, insbesondere auf das Herz-Kreislauf-System.

Kneippsche Güsse sind ein bewährtes Mittel, das nach Anweisung von jedermann einfach anzuwenden ist. Dennoch sind sie mit einer sehr großen Wirkung verbunden. Das Besondere daran ist, dass durch einen fast drucklosen gebundenen Wasserstrahl ein Temperaturreiz ausgeübt wird, der nahezu ohne Reizung der Druckrezeptoren in der Haut erfolgt.

Kneippsche Güsse am Pferd

1. Der Kneippsche Guss beim Pferd bis zum Knie.
Sie beginnen, wie schon erwähnt, hinten rechts außen am Hinterbein, etwa in der Höhe des Fesselgelenkes. Dort wird der drucklose Wasserstrahl für einen Moment leicht hin und her bewegt, bis etwa in Höhe der Kniekehle, um dann an der Innenseite des Beins wieder herunterzugehen.

Die richtige Reihenfolge beim Abspritzen:
Hinterbein rechts, Vorderbein rechts, Hinterbein links, Vorderbein links.

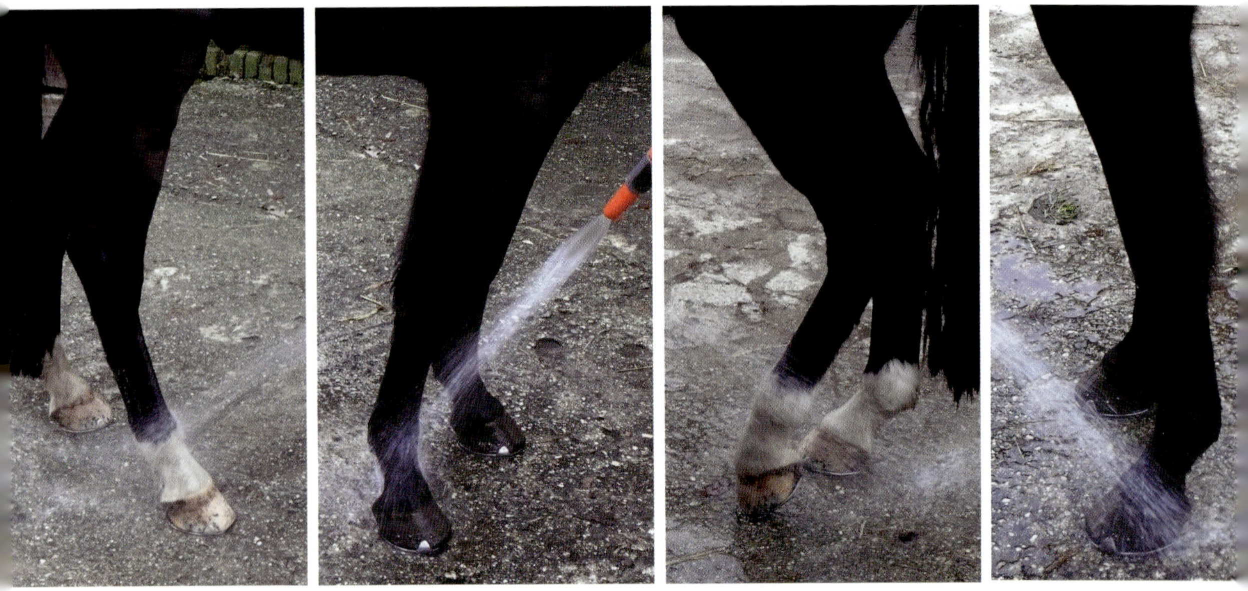

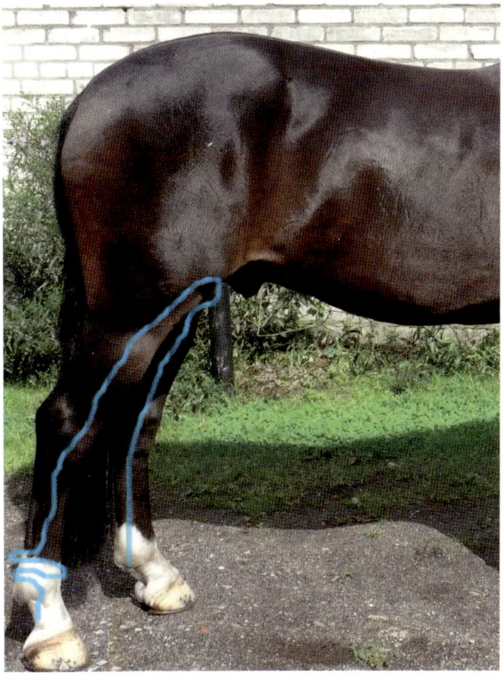

Der Guss bis zum Knie.

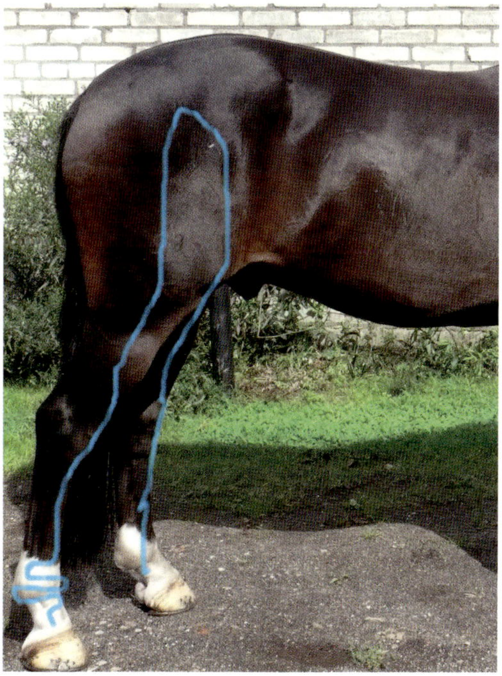

Der Guss bis zur Kruppe.

2. Der Kneippsche Guss bis zur Kruppe, auch Schenkelguss genannt.

Man beginnt wie beim Knieguss und geht nach der Kniekehle weiter hoch bis zum Beginn der Kruppe, um dann zur Innenseite zu wechseln und dann wieder abwärts den Guss bis zum Fesselgelenk auszuführen.

3. Ein weiterer Guss soll nicht fehlen: Es handelt sich um den **Guss bis zum Buggelenk des Pferdes.**

Auch hier wird wieder am Fesselgelenk außen begonnen. Von dort mit dem weichen Strahl langsam an der Außenseite des Beines entlang gehen, dann über den Unterarm bis zum Beginn des Schultergelenkes (Buggelenk). Von dort über die Brust zur Innenseite wechseln. Am inneren Bein wird der Guss am Fesselgelenk beendet.

Der Guss bis zum Buggelenk.

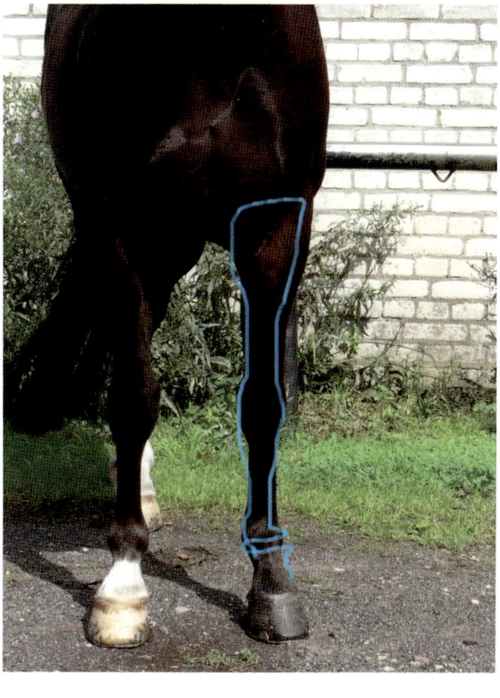

Es gibt weitere Güsse wie Brustguss, Vordergliedmaßen- oder Unterguss; dazu sollte vorher ein erfahrener Kneipp-Therapeut befragt werden.
Jeder Guss sollte immer mit kühlem, aber nicht zu kaltem Wasser durchgeführt werden. Ebenso dürfen derartige Anwendungen nicht bei kalter Witterung und nicht bei heftigem, kühlem Wind (bei Anwendungen draußen oder bei fröstelnden Pferden) vorgenommen werden. Dies gilt umso mehr, wenn das Pferd dann daran anschließend der Witterung ausgesetzt wird. Es empfiehlt sich, das so behandelte Pferd warm einzudecken und für einige Zeit im Stall zu lassen.

Rechts sehen Sie ein Beispiel, wie der drucklose Wasserstrahl in etwa beim Schlauch aussieht.

Zu Zeiten von Kneipp oder Prießnitz gab es sicher noch keine Schläuche, aus diesem Grund verwendete Kneipp sehr gerne eine einfache Gießkanne für seine Güsse.

Auf dem Foto rechts sehen Sie, wie man mit einer einfachen Gießkanne Wasseranwendungen am Pferd vornehmen kann.

Die Abfolge der Güsse mit Schlauch oder Gießkanne ist gleich. Man sollte aber berücksichtigen, dass die meisten Pferde den Wasserschlauch kennen und akzeptieren. Bei Verwendung einer Gießkanne ist immer eine gewisse Zeit der Gewöhnung erforderlich.

Druckloser Strahl mittels Schlauch.

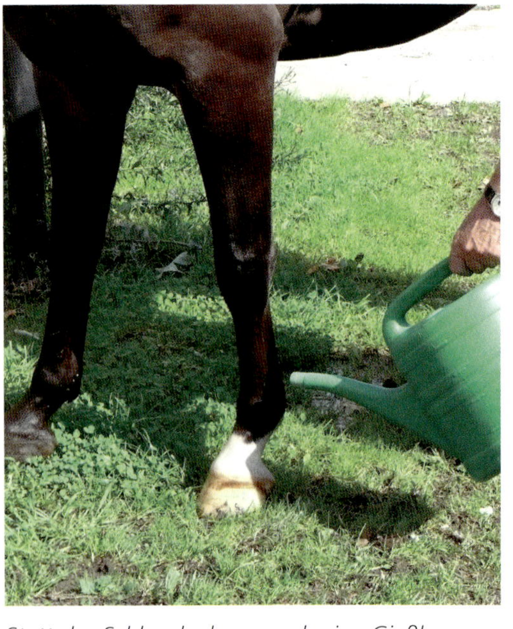

Statt des Schlauchs kann auch eine Gießkanne verwendet werden.

Wickel und Umschläge

Es war nicht nur Kneipp der sich mit der Heilwirkung des Wassers beschäftigte, sondern auch **Vincenz Prießnitz** (1799-1851), der schlesische Bauernsohn, der durch Selbstbehandlung, nachdem er Tiere beobachtet hatte, einen erstaunlichen Heilerfolg erzielte.

Obwohl Prießnitz keinerlei medizinische Ausbildung hatte und seine sonstige Bildung eher als gering beschrieben wurde, waren die Heilerfolge seiner Methode doch sehr beachtlich. In seiner Geschichte wird beschrieben, dass er, obwohl er für seine Behandlungen kein Geld nahm, dennoch der Kurpfuscherei angeklagt wurde. Eine Wiener Kommission reiste nach Schlesien und kam nach Überprüfung seiner Arbeit zu dem Ergebnis, dass es sich um eine beachtenswerte Erscheinung auf dem Gebiet der Naturheilkunde handelte. Danach erhielt er von der Wiener Hofkanzlei die Erlaubnis zur Ausübung der Heilkunde.

Über die Besonderheit der Therapie von Prießnitz gibt es eine ausführliche Beschreibung unter der Rubrik Wickel und Umschläge. Soviel aber vorweg: Der Prießnitz-Wickel, seine Wirkung und wann ein solcher Wickel sinnvoll sein kann, wurde im Band 5 der Richtlinien für Reiten und Fahren der FN bis etwa 1970 sehr genau beschrieben. Warum dies heute nicht mehr der Fall ist, ist in unseren Augen nicht nachvollziehbar. Vielleicht ist es aus Sicht der Autoren nicht mehr modern. Dass uns diese einfache Behandlung aber auch heute noch sehr oft bei den Pferden hilft und keine Neben- oder Wechselwirkungen bei richtiger Anwendung hat, wird einfach ignoriert.

Die uralten Methoden der Wickel und Umschläge bei unterschiedlichen Erkrankungen der Menschen helfen in ganz vielen Fällen auch den Pferden.

Vincenz Prießnitz

Schon immer wurden sowohl bei Menschen als auch bei Pferden Wickel und Umschläge bei verschiedenen gesundheitlichen Problemen angewendet.

Es handelt sich bei dieser Therapieform um thermische, chemische und mechanische Reize in einem. Man spricht davon, dass Wickel/Umschläge eine intensivere Tiefenwirkung erzeugen können, als zum Beispiel Massagen alleine.

Die durch alle Gewebsschichten penetrierende Wirkung macht diese Therapie zu einem sehr wichtigen Bestandteil in der naturheilkundlichen Behandlung unserer Pferde. Außerdem sind diese Anwendungen ziemlich einfach zu erlernen und bei richtigem Einsatz höchst effektiv.

Dabei sollte man sich darüber im Klaren sein, was man mit dem jeweiligen Wickel oder Umschlag erreichen will.

Ist Kühlung erwünscht oder soll die Körperpartie erwärmt werden?

Grundsätzlich ist zur Kühlung anzumerken, dass es nicht möglich ist, dem Körper Kälte zuzuführen, sondern bei Anwendung von kühlenden Maßnahmen wird immer nur dem Körper Wärme entzogen.

Soll Schmerzlinderung und dadurch meist auch Entspannung erreicht werden?

Oder will man Entzündungen und die meistens damit verbundenen Schwellungen reduzieren?

Wie werden Wickel richtig angelegt?

Der Prießnitz-Wickel

Dazu wird ein Leinentuch in der Größe der zu behandelnden Körperfläche benötigt. Dieses Leinentuch wird kühl-feucht aufgebracht und mit einem Wolltuch umwickelt oder abgedeckt. Wichtig bei Prießnitz ist, dass das Wolltuch unbedingt größer als das Leinentuch zu sein hat.

Der Kneippsche Wickel

Auch dabei wird zunächst ein mit kühlem Wasser befeuchtetes Leinentuch benötigt, das dann mit einem Zwischentuch aus Baumwolle überwickelt wird. Zum Abschluss kommt darüber ein Woll- oder Flanelltuch. Bei dieser Form soll jedoch das Zwischentuch größer als das Abdecktuch sein.

Die Indikationen bei beiden Wickeln sind gleich. Der Kneippsche Wickel verlangsamt das Abdunsten und wirkt gleichmäßiger als der Prießnitz-Wickel. Letzterer ist aber je nach Körperpartie etwas einfacher anzulegen.

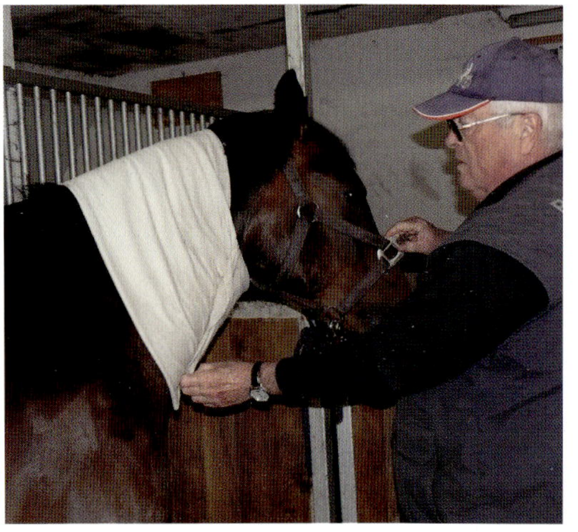

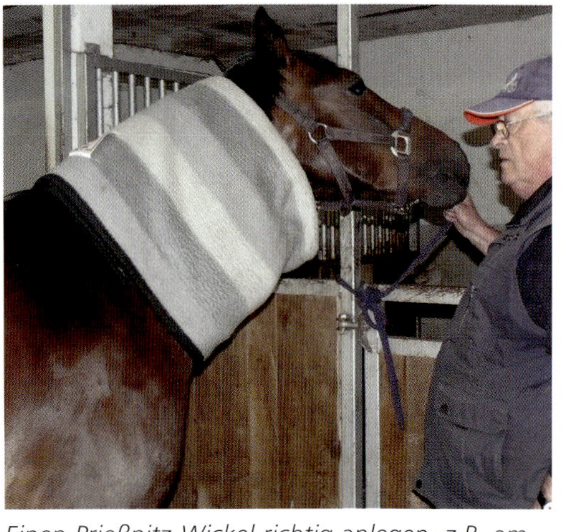

Einen Prießnitz-Wickel richtig anlegen, z.B. am Hals des Pferdes.

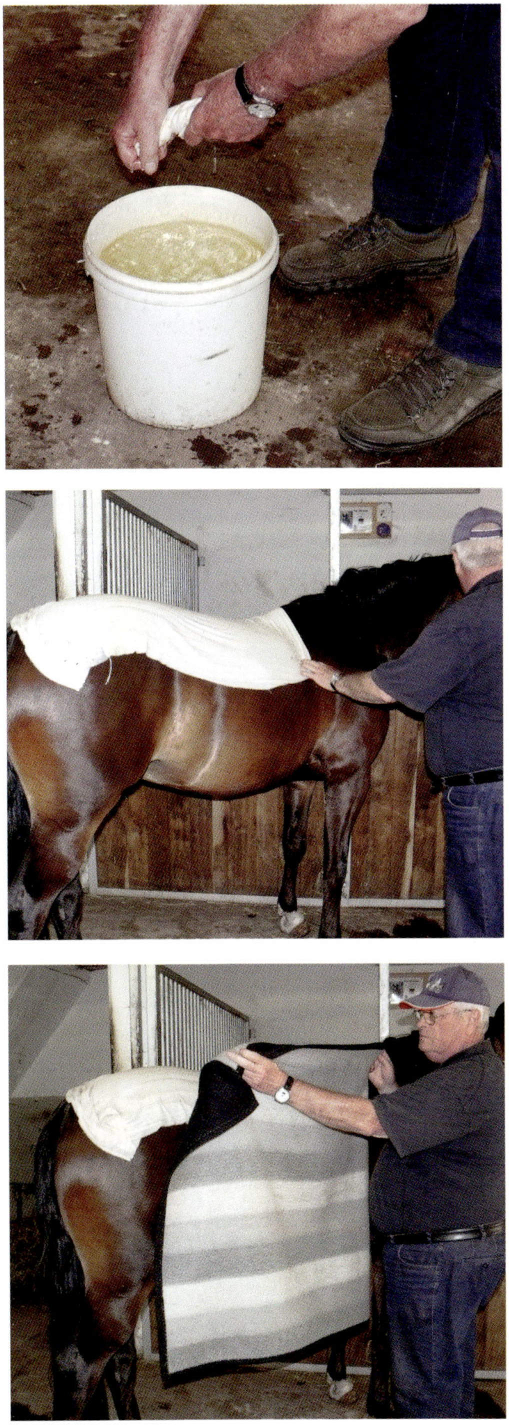

Ein Prießnitz-Wickel auf dem Rücken des Pferdes.

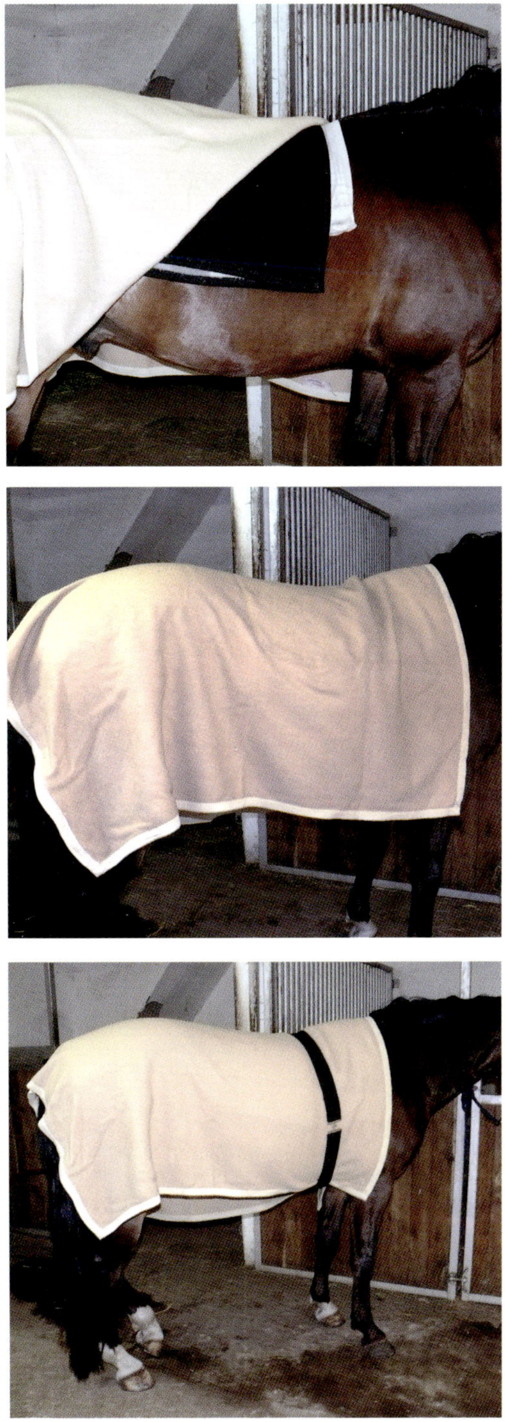

Ein Kneippscher Wickel auf dem Rücken des Pferdes.

Beide Wickel bleiben etwa eine Stunde auf dem Pferd liegen. Danach hat sich der betroffene Bereich erwärmt. Man kann statt Wasser aber auch andere Zusätze verwenden.

Unsere besten Erfahrungen haben wir mit dem ebenfalls **schon Jahrzehnte bekannten Präparat RETTERSPITZ äußerlich** gemacht.

Schon beim Öffnen der Flasche bemerkt man einen sehr merkwürdigen, aber auch angenehmen Geruch. Wir haben immer etwa die Hälfte Menge Retterspitz mit der gleichen Menge Wasser verdünnt in eine Sprühflasche gegeben und das vorher feuchte Leinentuch damit satt nass eingesprüht. Insbesondere bei geschwollenen Beinen ja sogar bei der gefürchteten Phlegmone (Ein-

Retterspitz-Anwendung:
Vor Gebrauch kräftig schütteln.
Retterspitz Animal wird maximal im Verhältnis 1:3 mit klarem Wasser verdünnt.
Retterspitz Animal pur oder verdünnt vor der Applikation auf etwa 15° C temperieren und auf einem mit kaltem Wasser befeuchteten Tuch gleichmäßig verteilen.
Das so vorbereitete Textil darf nicht tropfnass sein.
Das Tuch so über die zu behandelnde Stelle legen, dass keine Falten entstehen und mit einem trockenen Textil oder einer Bandage mit Klettverschluss fixieren. Stets mindestens ein wärmendes, zusätzliches Außentextil verwenden.

Der Wickel bzw. die Bandage bleibt idealerweise angelegt, bis die Flüssigkeit vollkommen verdunstet bzw. absorbiert ist und ein kompletter Temperatur- und Wickelzyklus durchlaufen wurde: 1. Kälte-Reiz, 2. Auto-Kompensation und Erwärmung durch Gegenreaktion, 3. Wärmeentzug durch Verdunstung, was subjektiv als wohliges Kribbeln empfunden wird.

Anwendungsdauer: 60–120 Minuten. Der Wickel braucht danach nicht sofort entfernt zu werden. Ideal ist die Anwendung über Nacht, da zusätzlich ein beruhigender Effekt eintritt.

Hinweise:
Nicht in die Augen von Tieren bringen.
Hergestellt unter Berücksichtigung des Arzneimittel-Standards.
Aufbewahrung bei Raumtemperatur, vor Frost schützen.

Retterspitz Animal ist eine Spezialflüssigkeit für die Anwendung als Wickel bei Tieren. Besonders geeignet für gestresste Pferdebeine, zur Vitalisierung von Muskeln, Gelenken und Sehen. Die Wickelanwendung mit Retterspitz Animal hat einen wärmeabführenden, erholenden und regenerativen Effekt.

Ingredients: Aqua, Alcohol, Albumen, Ovum, Potassium Alum, PEG-40 Hydrogenated Castor Oil, Rosmarinus Officinalis Oil, Tocopherylacetate, Phenoxyethanol, Citric Acid, Sodium Hydroxide, Tartaric Acid, Thymol, Sodium Tallowate, Limonene, Linalool.

Retterspitz GmbH & Co. KG,
Laufer Straße 17–19
D-90571 Schwaig,
www.retterspitz.de

Stand der Informationen: November 2009, V1.0

schuss) haben wir meist begleitend zur tierärztlichen oder naturheilkundlichen Medikation immer wieder erstaunliche und vor allem schnelle Abschwellungen und Heilungen erlebt.

Es mag vielleicht seltsam klingen. Aber auch bei chronisch hustenden Pferden mit festem Schleim in der Luftröhre haben wir Prießnitz Wickel mit Retterspitz-Zusatz angelegt und deutliche Besserungen erzielt. Allerdings wurde in solchen Fällen immer eine begleitende homöopathische oder naturheilkundliche Medikation eingesetzt.
Mittlerweile ist Retterspitz auch als Retterspitz animal, also für Tiere geeignet, zu bekommen.

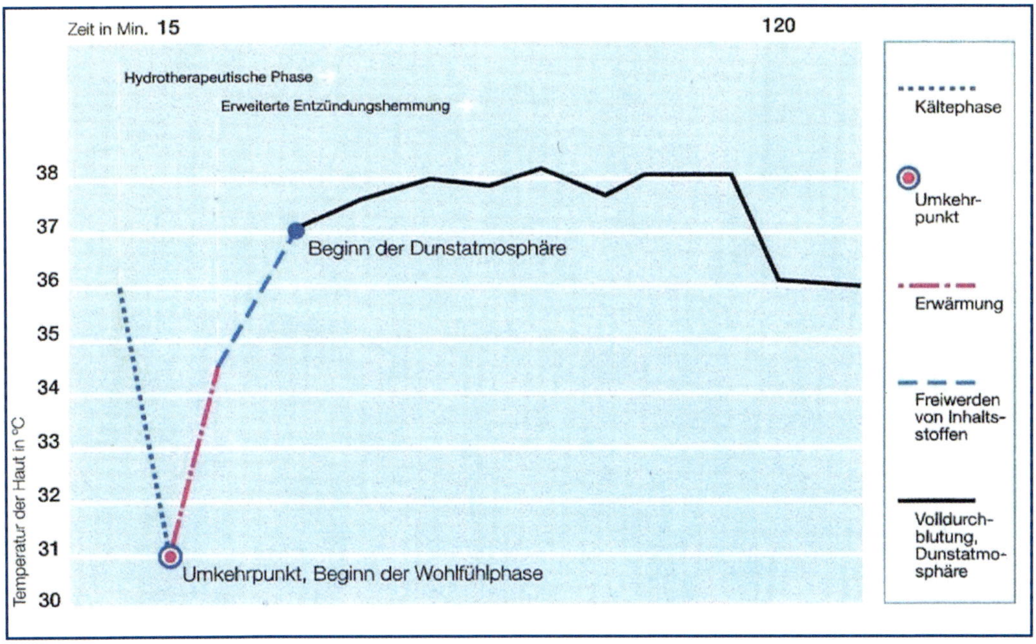

Skizzen über den Temperatur-Verlauf und die Wirkungsabfolge von Wickeln.

Moor-Therapien

Naturmoor-Behandlungen gegen Muskelprobleme

Einfache Mittel gegen Muskelprobleme

Wer bereits mehr über unsere Arbeit und den von uns bevorzugten Therapien bei Pferden gehört, gelesen oder gesehen hat wird immer wieder feststellen, dass wir dem Naturheilmittel Moor sehr viel Bedeutung beigemessen haben.

Obwohl dies nicht so ganz dem Buchtitel entspricht, denken wir, dass mit der Anwendung von Moor sehr viel Gutes möglich ist. Deshalb wollen wir die hier nachfolgenden Aspekte über die **Moor-Therapie** ebenfalls einfügen.

Moor

Die Erkenntnis der Menschen, Moor, Heilerde, Schlamm oder Lehm zu Heilzwecken anzuwenden, geht wahrscheinlich darauf zurück, dass sie Tiere beobachtet haben, die sich bei Verletzungen oder um Schmerzen zu lindern in diesen Substanzen gewälzt haben.

In manchen Ländern oder Regionen werden bis heute diese als PELOIDE (Pelos griech. Schlamm) bezeichneten Mittel regelmäßig und auch mit Erfolg in der Tierheilkunde eingesetzt.

Als erstes möchten wir auf das in der Humanmedizin seit Jahrhunderten in unterschiedlicher Art und Weise genutzten Heilmittel **Naturmoor** eingehen.

Moore findet man überall auf der Welt

Moor oder die korrekte Bezeichnung ›Torf‹, was ist das eigentlich?

Moore sind im Laufe der Jahrtausende in Niederungen oder Tälern durch ständige Feuchtigkeit, Witterungseinflüsse und durch ein sich ständig wandelndes

Moorlandschaft.

Naturmoor
Entstehung
Profilschnitt durch das Moor

Profilschnitt durch das Moor

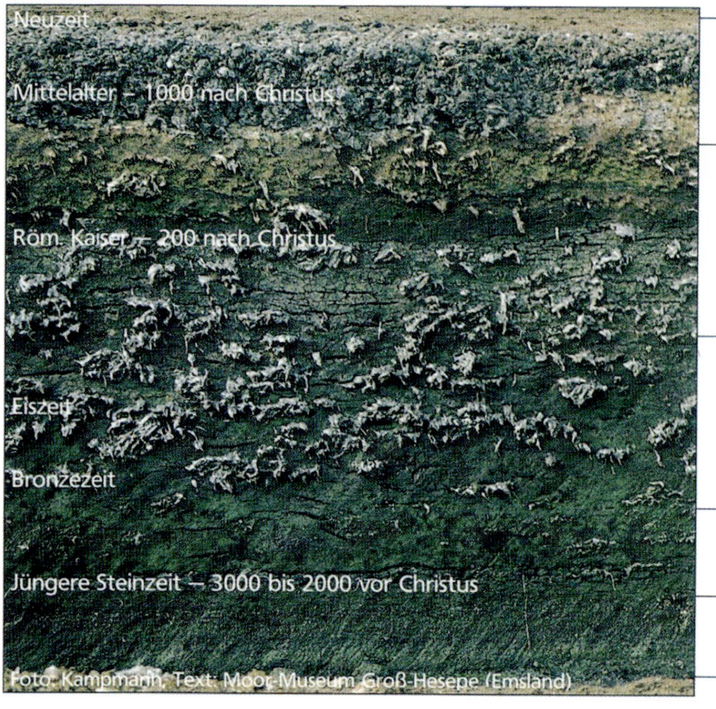

Vegetationsdecke
Überwiegend aus Torfmoosen (Sphagnum) bestehend, mit Wollgras, Bentgras, Heide.

Schwach zersetzter Hochmoortorf (Weißtorf)
Überwiegend aus Torfmoosen gebildet.

Schwarz-weiß-Horizont
Durch Klimawechsel entstandene Grauschicht.

Stark zersetzter Hochmoortorf (Schwarztorf)
Überwiegend aus Torfmoosen mit hohem Anteil an Wollgras.

Basaler Niedermoortorf
Stark zersetzt, überwiegend aus Seggen gebildet, mit Birkenholzresten, sauer und nährstoffarm, hochmoorartig.

Mooruntergrund
Überwiegend durch Flugsand gebildet, feinsandig.

Im geologischen Sinn wird als Moor ein natürliches Torfvorkommen mit einer Mindestmächtigkeit von 30 cm bezeichnet. Moore sind kohlenstoffreiche Bodenarten, die durch eine unvollständige Humifizierung von Pflanzenresten unter weitgehendem Luftabschluss bei Wasserüberschuss entstanden sind.

Vorbedingung für die Entstehung der Moore war einerseits ein Klima, das die ausreichende Bindung von Pflanzenresten erlaubte, anderseits ein so großer Niederschlag, dass die abgestoßenen Reste durch Wasser von der Luft abgeschlossen wurden.
Als weitere Bedingung musste ein wasserundurchlässiger Mineralboden vorhanden sein.

Auf dieser Grundlage bildete sich Torfmoosrasen, der sich quadratkilometerweit ausdehnte. Nur die oberen 10 bis 15 cm eines Torfmooses leben. Die unteren Teile sterben ab und vertorfen. Aufgrund der zeitweise relativ hohen Temperaturen wurden die Torfmoose stark zersetzt, und der Torf erhielt eine dunkle Farbe. Deshalb nennt man diesen Torf auch Schwarztorf.

Nur Schwarztorf wird für medizinische Zwecke verwendet.

Ökosystem sowie geprägt durch die jeweilige Tier- und Pflanzenwelt, entstanden.

Im Detail dazu ein Ausschnitt aus einer Broschüre der Firma Kampmann, die früher Moorpackungen für medizinische Zwecke gewonnen, bearbeitet und vertrieben hat (Bild links).
Dies soll an dieser Stelle ausreichen, um einen ersten Eindruck über die Entstehung von Mooren zu erhalten. Wer mehr über die faszinierende Moorentstehung und die sich auch heute noch darin befindliche Flora und Fauna wissen möchte, der sollte das Buch von Dr. Petra Wenzel und Christa Klickermann ›Altes Naturheilmittel Moor‹ lesen. Weiteres dazu unter www.heilmoor.info.

Moor und Fango wird oft in einem Atemzug genannt. Das ist so nicht richtig. Fango besteht meistens aus Gesteinsmehl vulkanischen Ursprungs, das, manchmal mit Paraffin vermischt, in der Wärmetherapie Anwendung findet. Dies, häufig als Packungen beim Menschen angewendet, wirkt nur thermophysikalisch, d.h., man nutzt die gute Wärmespeicherkapazität von Fango. Fango muss jedoch im Vergleich zu Moor etwa 70 % dicker sein, um dessen Speicherkapazität zu erreichen.

Heilende Wirkung, wie man sie beim Moor erwarten kann, ist indes beim Fango nicht bekannt.

Moor hat, wie gesagt, eine wesentlich bessere wärmespeichernde Wirkung. Es kühlt etwa fünf- bis fünfzehnmal langsamer ab als Wasser.
Moor wird mit seinen Inhaltsstoffen, die hauptsächlich aus Ligninen, Huminsäuren, Gerbstoffen und dreiwertigen Eisen- und Aluminiumionen bestehen, nachweislich über die Haut vom Organismus aufgenommen. Weiterhin werden Eiweiße ausgefällt, die die Permeabilität (Durchlässigkeit) der Haut positiv beeinflussen. Diese Nachweise stammen ausschließlich von Untersuchungen beim Menschen.

Bei Pferden gibt es diese Untersuchungen bisher nicht. Trotzdem kann man davon ausgehen, dass ähnliche Resultate zu erwarten sind.

Schon vor etlichen Jahren wurde dann aufgrund sehr guter Erfahrungen aus dem Humanbereich mit der Anwendung von Moor begonnen, auch Pferde mit Moor zu behandeln.

Begonnen hat alles bei Pferden mit teilweise schon lange bestehenden Rückenproblemen.

Bei der ersten Untersuchung dieser Pferde war die Schmerzempfindlichkeit manchmal so hoch, dass beispielsweise eine manuelle Behandlung (Handmassage/Stresspunktmassage) nicht zugelassen wurde oder nur mit erheblicher Abwehr zustande kam.
Auch die vorherige Anwendung eines Solariums, wenn es denn überhaupt verfügbar war oder funktionierte, brachte keine wesentliche Besserung der Schmerzempfindlichkeit. Also haben wir weiter gesucht, um zu akzeptablen Bedingungen für die Pferde zu kommen und um eine Behandlung erfolgreich durchführen zu können.
Als vorbereitende Maßnahme vor weiterer physiotherapeutischer Therapie wurden die in der Humanmedizin üblichen Moorpackungen auf die betroffene Partie als sogenannte Einmalpackung aufgelegt.

Wenn man die gebrauchte Packung in einen Plastikbeutel abgeschlossen lagert, kann man diese bei demselben Pferd auch für bis zu drei Behandlungen nutzen. Allein aus hygienischen Gründen wird das beim Menschen nicht gemacht.

Diese Packungen haben auf der Körperseite eine feine Netzstruktur, durch die die Moorsubstanz auf das Pferd gelangt (siehe Foto unten).

Nun können diese Packungen nicht direkt selbst erwärmt werden, sondern müssen über einen darauf gelegten Wärmeträger langsam Wärme erhalten, die dann auf den Körper einwirkt.
In den Anfängen haben wir versucht, dazu von einem Humanphysiotherapeuten sogenannte Wärmeträger zu beschaffen. Diese haben wir dann in einen Kessel mit warmem Wasser gelegt, erwärmt und auf die Moorpackung aufgelegt, das Ganze mit einer dicken Wolldecke abgedeckt und etwa 20–30 Minuten einwirken lassen.

Bis heute gab es kein einziges Pferd, das diese Behandlung nicht genossen hat.

Diese Vorgehensweise war aber sehr aufwändig und in einer ambulanten Pferdepraxis schlichtweg nicht praktikabel.

Mehr durch Zufall haben wir auf einer Messe »Wärmekissen« gesehen, die sich durch eine spezielle chemische Reaktion selber erwärmen. Die meisten von uns werden diese als Taschenwärmer oder Werbegeschenke in kleineren Abmessungen kennen. Es ist ebenso interessant, dass diese Systeme durch Erhitzen im Wasserbad nach dem Gebrauch wieder aktiviert werden können. So konnten manche Wärmekissen bis zu 50 Mal und mehr benutzt werden. Meistens gingen sie nur deshalb kaputt, weil sie heruntergefallen sind oder ein Pferd darauf getreten ist.
Ein österreichisches Unternehmen hat diese Wärmekissen als Körperwärmer auch in größeren Abmessungen hergestellt (ca. 45 x 25 cm), versehen mit seitlich angebrachten Druckknöpfen. Diese Wäremekissen werden auch in Deutschland angeboten:
www.warmup-deutschland.de

Insbesondere die angebrachten Druckknöpfe ergeben die Möglichkeit, mehrere Elemente miteinander zu ver-

Moorpackung Körperseite.

Typische Moorlandschaft.

Warm-Up Körperwärmer.

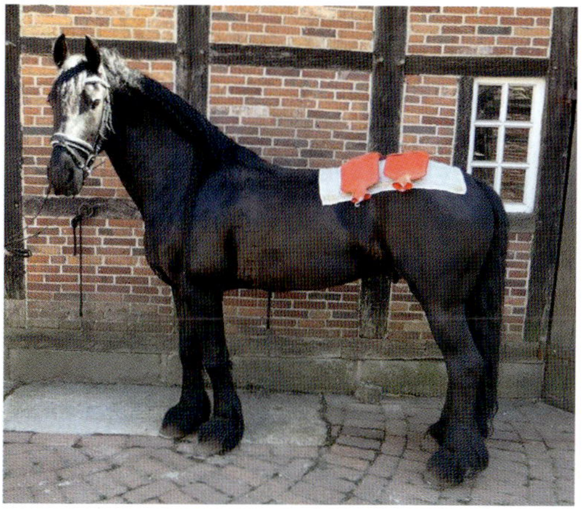

Wärmflaschen als Wärmeträger.

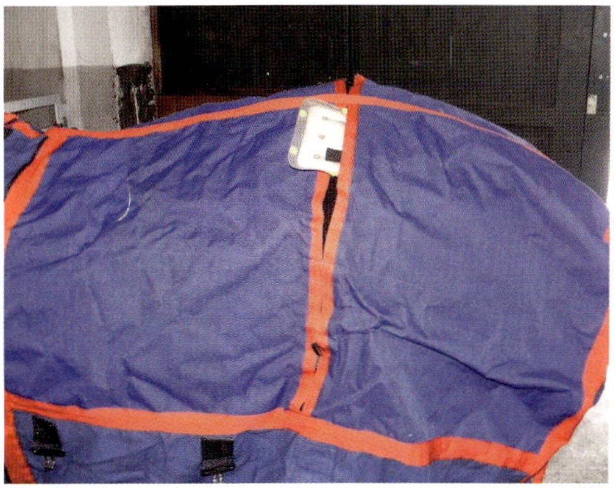

Decke mit eingeschobenem Wärmekissen.

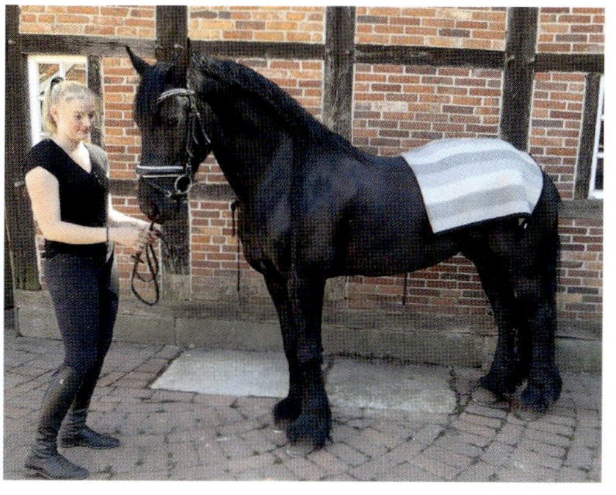

Wärmflaschen mit aufgelegter Decke.

binden, ohne dass die Gefahr besteht, dass sie vom Pferdekörper leicht herunterfallen. Trotzdem sollte man das Pferd während der Behandlung nicht alleine lassen. Wenn sich dies aber nicht vermeiden lässt, gibt es auch eine spezielle Decke mit Einschuböffnungen, in die die Wärmekissen eingeschoben werden. Damit ist gewährleistet, dass die Wärmekissen nicht verrutschen können.

Findige Pferdebesitzer haben sich eine solche Decke auch selber hergestellt, indem sie an einer leichten Pferdedecke auf der Unterseite ein Netz angebracht und in die Decke dann Einschuböffnungen eingeschnitten haben.

Nun wird nicht jeder Pferdebesitzer sich die vorher beschriebenen Wärmekissen anschaffen wollen. Eine besonders pfiffige Kollegin gab den Hinweis, dass man als Wärmeträger auch einfache Wärmflaschen einsetzen kann.

Es wird sicher in den meisten Pferdeställen eine Möglichkeit geben, an warmes Wasser zu kommen. Dies wird dann in die Flaschen gefüllt. Die Temperatur soll so sein, dass unser Unterarm oder der Handrücken die Wärme gut vertragen kann. Dann wird weiter vorgegangen wie beschrieben.

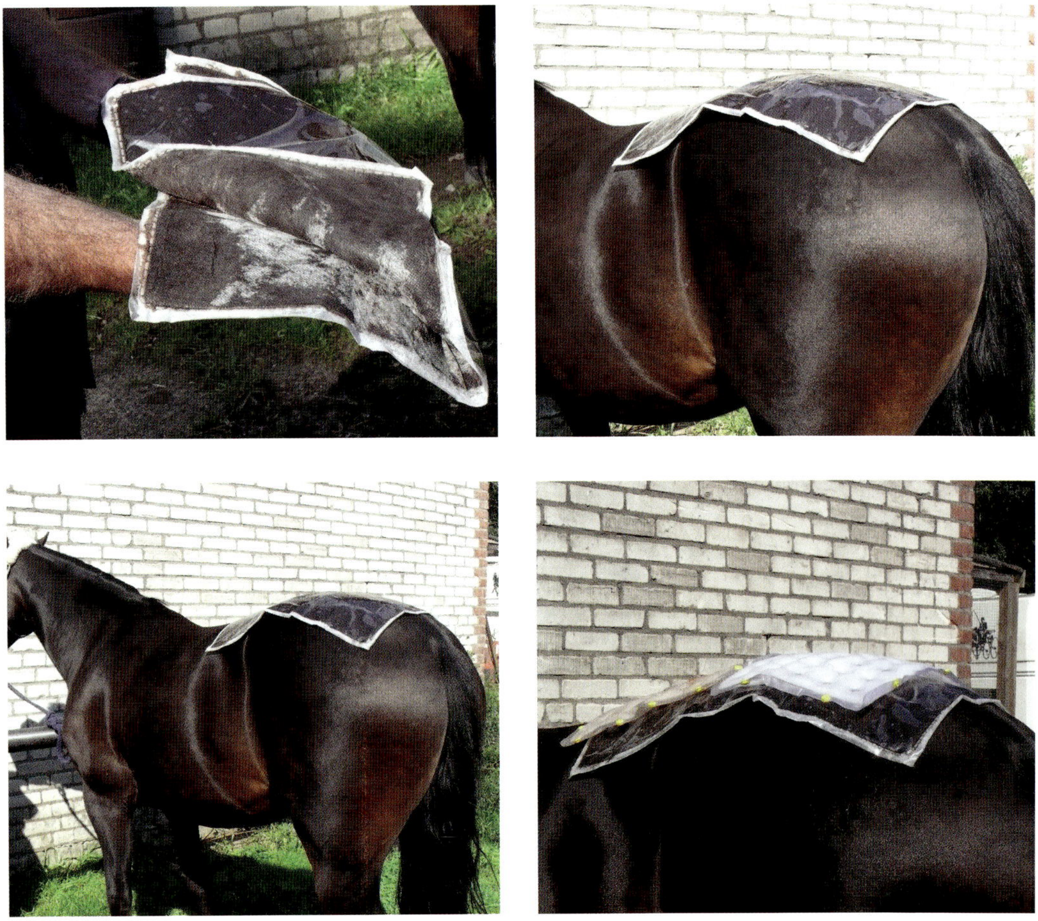

Moorpackungen: Auflegen von Moor- und Wärmekissen.

Von wiederum anderen Pferdebesitzern wurde berichtet, dass mit großen Körnerkissen, die in der Mikrowelle erwärmt wurden, ein ähnlicher Effekt wie mit den Warm-Up-Wärmekissen erzielbar sei. Bei dieser Vorgehensweise sollte aber unbedingt auf die maximale Temperatur geachtet werden. Wenn man mit dem Handrücken die Wärme des Körnerkissens noch gerade ertragen kann, ist wahrscheinlich die geeignete Temperatur erreicht. Wenn dann im Stall ein Mikrowellengerät vorhanden ist, kann ja ein Versuch gestartet werden.

Man benötigt je nach Größe des Pferdes 2–4 Moorpackungen und entsprechend viele Wärmekissen. Die Wärmekissen sollten die Moorpackung soweit wie möglich abdecken (siehe Fotos oben).

Insbesondere in der kalten Jahreszeit empfiehlt es sich manchmal, zwischen Decke und Wärmekissen noch eine Plastikfolie zu legen. Bei dieser Version wird die Wärme noch intensiver am Pferdekörper gehalten.

Die ganze Packung bleibt etwa 25–30 Minuten auf dem Pferd. Danach wird alles abgenommen und, das ist sehr wichtig, die erwärmte Körperpartie mit einer Decke abgedeckt (Seite 131 oben).

Auf die erwärmte Partie wird eine dicke Decke gelegt.

Dies gilt besonders in der kalten Jahreszeit damit der erhitzte Körper jetzt nicht durch kalte Luft Schaden nimmt.
Mit dieser Vorgehensweise erreicht man gleich drei heilende Komponenten.

1. Die deutliche Erwärmung sorgt für eine bessere Durchblutung der betroffenen Muskelpartie.
2. Wir nutzen die bekannte Heilwirkung von Moor.
3. Die erzeugte **feuchte Wärme** sorgt für einen besseren venösen Abfluss des Blutes.

Dies war schon unserer Großmutter bekannt, die bei verschieden Krankheiten als Hausmittel feuchte Wickel anlegte.
Diese Wickel wurden je nach Krankheit als kalte oder als so genannte »heiße Rolle« aufgelegt
Wenn wir Pferde die, wie schon erwähnt, sehr schmerzhafte Muskelpartien hatten, so vorbereiteten, konnten wir fast immer mit der eigentlichen Therapie beginnen.

Es ging manchmal so weit, dass durch die Anwendung feuchter Wärme nur noch sehr wenig therapeutischer Aufwand nötig war, und die Pferde konnten schmerzfrei – oder zumindest deutlich gebessert – wieder gearbeitet werden.

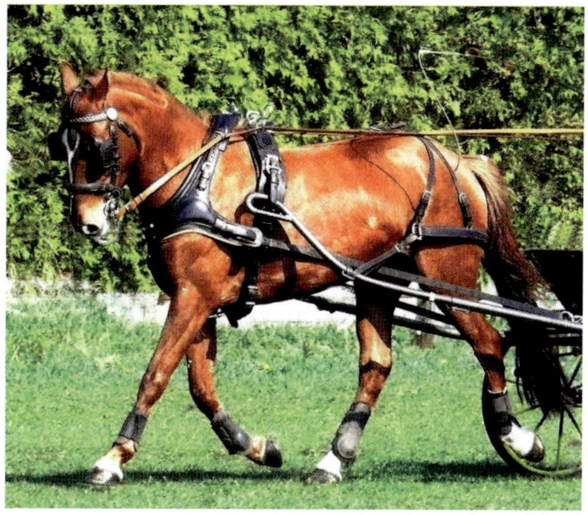

Dazu folgendes Beispiel:
Eine vielseitig veranlagte Ponystute (Bilder oben), die sowohl gefahren als auch geritten wurde, konnte im Laufe der Zeit fast nicht mehr geritten, geschweige denn angespannt werden. Unter Belastung zeigte die Stute Tendenzen wegzustürmen. Man hatte keine Vorstellung, was die Ursache sein könnte.

Bereits vor der Untersuchung erklärten die Besitzer, dieses Pony sei zwar einerseits sehr brav, ließe sich aber andererseits kaum anfassen. So war es dann auch. Erst mit viel Geduld und vielen Möhren ließ die Stute eine kurze Untersuchung zu. Die gesamte Rückenmuskulatur war sehr verspannt. Druck auf Schmerzpunkte (aktive

Stresspunkte) erzeugte heftigste Abwehr bzw. war kaum möglich.
Eine vorgeschlagene Moortherapie wurde von den Besitzern akzeptiert und angewendet. Während der Behandlungszeit konnte man bereits erkennen, dass dieses Pony merklich entspannte und zugänglicher wurde. Nach etwa 25 min. wurde die Packung entfernt und das Pony mit einer warmen Decke abgedeckt in die Box gestellt.
Der Reiterin wurde empfohlen, das Pony einige Stunden später zu reiten und dann Bescheid zu geben.

Am nächsten Tag wurde telefonisch um eine weitere Behandlung gebeten. Das Pony sei wie umgewandelt und wieder wie früher angenehm zu reiten.
Die zweite Untersuchung und Behandlung gestalteten sich bereits wesentlich einfacher. Der Vollständigkeit halber muss aber noch erwähnt werden, dass diese Stute ergänzend zur Moorbehandlung eine muskelentspannende Therapie mit amplitudenmoduliertem Strom erhalten hat.
Diese kombinierte Behandlung wurde dann noch zweimal wiederholt. Danach war es auch wieder möglich, das Pony problemlos anzuspannen.

Noch wesentlich beeindruckender war folgendes Erlebnis:
Vor einigen Jahren hatte Claus Teslau im Gestüt Sprehe in Lönningen/Benstrup zu tun. Die dortigen Deckhengste wurden je nach Bedarf von ihm physiotherapeutisch betreut. Hier lernte er dann auch Jan Sprehe kennen, der mit seinem damaligen etwa 15 Jahre alten Pferd Paganini viele große Springen gewonnen hatte und u.a. 2005 bei der Europameisterschaft der jungen Springreiter die Silbermedaille in der Einzelwertung gewann.
Bei einer Untersuchung durch einen Tierarzt kam Claus Teslau zufällig dazu und wurde von Jan und seinem Tierarzt gefragt, ob er wohl etwas für den sehr empfindlichen Rücken von Paganini tun könnte.

Auch hier wurde eine Moortherapie gemacht und das Pferd dann anschließend an den aktiven Stresspunkten behandelt sowie abschließend eine komplette Massage sowohl von Hand als auch mit einem Gerät therapiert, das in der Lage ist, die aus dem Takt geratenen körpereigenen Schwingungen wieder zu normalisieren.

Dieses Behandlungsschema wurde mehrfach in etwa zweiwöchigen Abständen wiederholt.

Paganini hat mit dieser Betreuung in der dann noch laufenden Saison etliche Siege und Platzierungen in schweren Springen erreicht und das, wie Jan versicherte, bei ständiger Bereitschaft mitzumachen und sicher ohne Schmerzen.
Wie man sehen kann, haben Springpferde, die man zu Recht als Sportathleten bezeichnet, viel Nutzen von dieser Therapie.
Selbstverständlich gilt dies in gleichem Maße für alle Pferde. Egal ob sie geritten, gefahren, voltigiert oder in welcher Form auch immer genutzt werden.

Nachstehend eine Mooranalyse sowie der Abdruck eines Moorherstellers über die Einsatzbereiche beim Menschen, die man fast komplett für den Pferdebereich übernehmen kann.

Karlsbader Moorpackungen

Medizinprodukt Klasse I

Indikation

Lokale Wärmetherapie als Unterstützungsmittel bei

- rheumatischen und chronischen Erkrankungen des Bewegungsapparates
- degenerativer Erkrankung der Gelenke (Muskel- und Gelenkrheumatismus Arthrose, Bandscheibenschaden etc.)
- Neuralgie und Ischias
- Durchblutungsstörungen der Peripherien

Karlsbader

Moorpackungen
Wärmeträger

PhysioCare medical Vertrieb GmbH
Hauptstrasse 72 – 30966 Hemmingen
Tel. : +49 (0)5101 854710
Fax : +49 (0)5101 854729

CHEMISCHE ZUSAMMENSETZUNG DER *Karlsbader* Moorpackung

1.1 Zusammensetzung der organischen Stoffe

in Summe der:	org. Stoffe (%)	Peloid (%)	Trockenmasse (%)
Extraktbitumen (Fette, Wachse, Harze usw.)	8,77	2,00	8,12
Lösliche Kohlenhydrate (Pektine usw.)	4,30	0,98	3,97
Cellulose und Hemicellulosen	37,88	8,64	35,12
- Huminsäuren rein (alkalilöslich, mit Säuren ausscheidbar)	24,11	5,50	22,38
- Fulvosäuren (alkalilöslich, mit Säuren nicht ausscheidbar)	14,16	3,23	13,12
Lignin, Humine (und sonstige Begleitstoffe)	10,78	2,46	10,00
	100	22,81	92,71

1.2 Schwefel (insgesamt)

- in Originalprobe 0,03 %

- in Trockenmasse 0,14 %

1.3. Wasserlösliche anorganische Anteile (bezogen auf 100 g der Trockenmasse)

		Massen-konzentration (mg)	Äquivalent-konzentration (mmol)	Äquivalent-konzentration (%
Natrium	Na	9,05	0,39	25,32
Kalium	K	4,34	0,11	7,14
Magnesium	Mg^2	6,10	0,50	32,47
Calcium	Ca^2	8,00	0,40	25,97
Eisen	Fe^2	2,00	0,07	4,55
Mangan	Mn^2	0,02	0,00	—
Ammonium	NH_4	0,43	0,02	1,30
Aluminium	Al^3	0,45	0,05	3,25
Chlorid	Cl^-	10,6	0,30	21,58
Sulfat	SO_4^{2-}	12,4	0,26	18,71
Nitrit	NO_2^-	0,07	0,00	–
Nitrat	NO_3^-	2,6	0,04	2,88
Hydrogencarbonat	NCO_3^-	40	0,65	46,76
Hydrogenphosphat	HPO_4^-	4,5	0,14	10,07

- postakute Zustände nach Traumen am Bewegungsapparat
- Neigung zu Krankheiten und zu Katarrhen

Kontraindikationen

- bei Fiebererkrankungen
- Tuberkulose
- schweren Herz- und Kreislauferkrankungen
- hochentzündlichem Rheumatismus
- Allergie gegen den Inhalt der Packung
- entzündlichen Prozessen
- Hautverletzungen und Hautinfektionen

Es wird empfohlen, die Behandlung mit Moorpackung drei- bis fünfmal wöchentlich durchzuführen.

Ein Hinweis zu dieser Analyse: Es handelt sich um ein bestimmtes Vorkommen aus einer bestimmten Region. Moorpackungen anderer Regionen können sich durchaus im Detail und den jeweiligen Anteilen der Inhaltsstoffe deutlich anders darstellen.
In dem folgenden Abschnitt wollen wir auf weitere Möglichkeiten der Anwendung von Moor eingehen. Dabei wird dann Moor als fertige Paste eingesetzt.

Bei einem Pferd, das z. B. mit Arthrose (arthrotische Veränderungen) an den Gelenken zu tun hat, lohnt es sich immer, ihm etwas Erleichterung durch die Anwendung von vorgewärmter Moorpaste zu verschaffen. Dies geschieht, indem man die benötigte Menge Naturmoor aus dem Eimer auf etwa 38 Grad erwärmt und auf die betroffene Partie fingerdick aufträgt. Das Ganze wird mit einer Folie umwickelt und mit einer warmen Stallbandage abdeckt. Nach etwa einer halben bis 1 Stunde wird die Packung entfernt, der behandelte Bereich mit warmem Wasser gereinigt und die wärmende Bandage bleibt bis zur Abkühlung angebracht.

Für Pferde mit dem oben beschriebenen Krankheitsbild ist diese Behandlung besonders in der nassen und/oder kalten Jahreszeit eine absolute Wohltat. Damit nicht ein falscher Eindruck entsteht: Durch derartige Umschläge ist die Arthrose nicht zu heilen. Wie schon gesagt, es gibt dem Pferd aber meist eine deutliche Linderung der Bewegungsschmerzen.

Ein wichtiger Hinweis: Diese Behandlung, die man etwa ein- bis zweimal in der Woche macht, sollte auf jeden Fall mit dem Tierarzt abgestimmt werden.

Fertige Moorpasten.

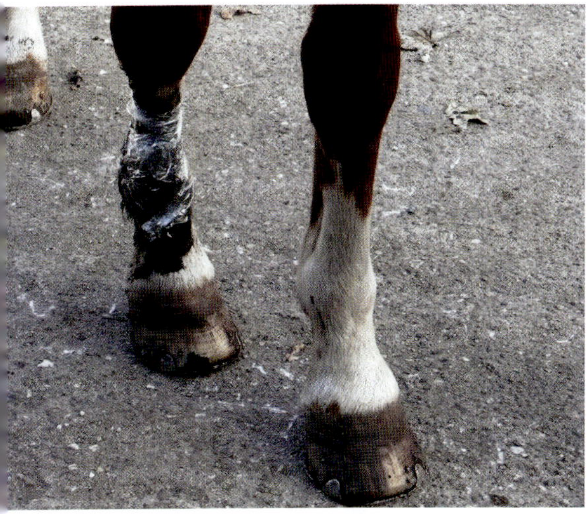

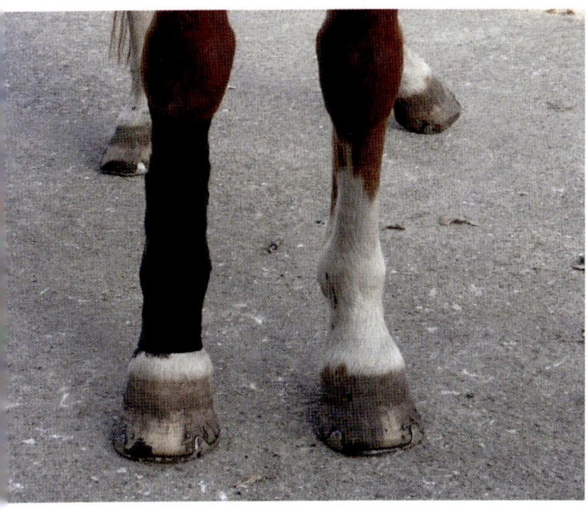

Hintergrund ist die Anwendung von Wärme. Wärme ist bei entzündlichen Zuständen absolut kontraindiziert. Ebenso ist diese Behandlung bei offenen Wunden, welcher Art auch immer, verboten. Nicht vergessen Tierarzt oder Tierheilpraktiker fragen, wenn man sich nicht sicher ist.

Einen Wermutstropfen für Turnierpferde bei Mooranwendungen gibt es aber doch.

Es wurde offiziell bei der FN (Deutsche Reiterliche Vereinigung) angefragt: Wie verhält es sich mit der Anwendung von Moor am Pferdekörper und der evtl. damit verbundenen unerlaubten Medikation?

Eine schriftliche Antwort gab es nicht, nur ein Telefonat fand statt. Man beschränkte sich lediglich auf die Empfehlung, auf einem Turnier selber kein Moor anzuwenden. Hintergrund ist besonders der hohe Anteil von Ligninen und Huminsäuren im Moor, die über die Haut auch aufgenommen werden können.

Inwieweit dies bei einer Kontrolle zu Problemen führt, ist leider nicht genau zu sagen. Vorsicht ist aber geboten.

Der FN lag auf Verlangen eine komplette Analyse eines Anbieters von Naturmoor vor.

Wir haben demnach den Pferdebesitzern geraten, mindestens zwei Wochen vor einem Start kein Moor mehr anzuwenden.

Um einer eventuell unerlaubten Anwendung (Medikation) aus dem Weg zu gehen, kann man auch folgende einfache Methode nutzen.

Wir möchten bei der Anwendung von Wärme in erster Linie dafür sorgen, dass **dem Körper feuchte Wärme zugeführt** wird.

Dies kann auch mittels eines oder mehrerer durchfeuchteten Küchentüchern erfolgen. Diese Tücher werden auf die betroffene Körperpartie aufgelegt. Zur Erwärmung nimmt man, wenn man keine der wie zuvor beschriebe-

Mooranwendung am Bein.

nen Wärmeträger hat, einfache Wärmflaschen (siehe Bilder unten). Diese Einheit bleibt ca. 20–30 Minuten liegen. Danach Wärmflaschen und Tücher entfernen.

Die Decke bleibt solange auf dem Pferd, bis die Körperfläche darunter trocken ist. Wenn Sie dies in der kalten Jahreszeit oder bei kaltem, windigem Wetter machen, achten Sie darauf, dass auf die erwärmte Haut kein plötzlicher, kalter Luftzug trifft. Lassen Sie das Pferd lange genug eingedeckt.

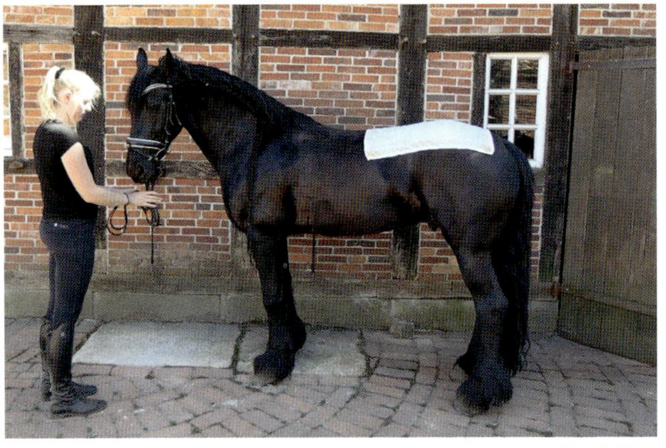

Auflegen eines einfachen Leintuches.
Die Wärmflaschen mit warmem Wasser füllen, auflegen und mit einer dicken Decke abdecken.
Die Temperatur prüft man mit dem Handrücken oder dem Unterarm. Das Wasser darf keinesfalls zu warm sein.

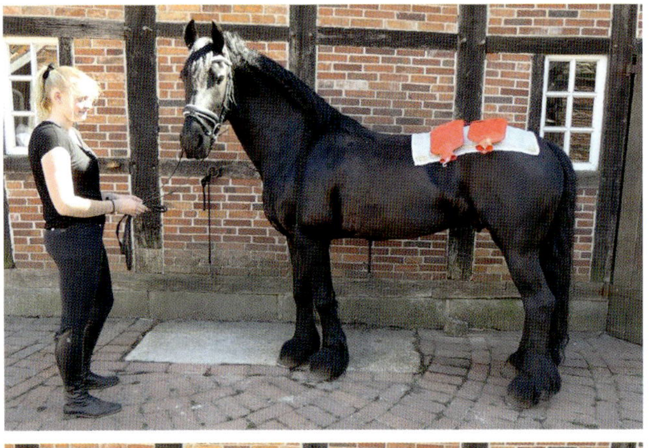

Vier miteinander verbundene Gummiwärmflaschen werden über dem Leintuch platziert.

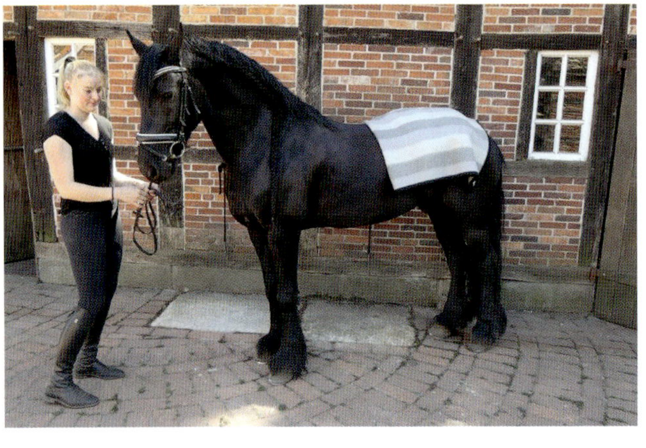

Zuletzt wird die Wolldecke aufgelegt.

Raindrop · Emmet Akupunkt-Massage

Wellness mit der Raindrop Technique®

Ein Beitrag von Nicole Stamm

Raindrop Technique® am Pferd

Wie alles entstand

Die Raindrop Technique® wurde von dem Amerikaner D. Gary Young bereits in den 1980er-Jahren für den Humanbereich entwickelt. Aufgrund eines folgenreichen, schweren Unfalls als junger Mann forschte Gary Young seitdem intensiv in der Naturheilkunde nach alternativen Heilmethoden und in altem Wissen. Er gründete ein Forschungszentrum für körperliche und emotionale Gesundheit und beschäftigte sich mit großer Faszination und Eifer mit der Wirksamkeit, dem Potential und der Gewinnung ätherischer Öle, da er selber durch sie große Heilung erfahren hatte.

In der Raindrop Technique® vereinte er seine tiefgreifenden Kenntnisse über ätherische Öle und ihre vielfältigen Eigenschaften, sein Wissen über die Vitaflex® Technik und faszinierende Erkenntnisse über leichte Streichbewegungen auf Muskulatur und Nervensystem. Durch die manuellen Techniken, so seine Erfahrung, wird die Aufnahme und Wirkung der Öle noch weiter intensiviert.

Ätherische Öle sind ein Wunderwerk der Natur. Sie werden von aromatischen Pflanzen zu ihrem Schutz vor Witterung, Krankheiten, Fressfeinden oder Schädlingen gebildet und zur Kommunikation untereinander oder

mit ihrem Umfeld, wie bei Vögeln und Insekten. Die winzigen Öltröpfchen sind in der Pflanze in Blüten, Blättern, Harzen, Hölzern, Nadeln, Schalen, Samen oder Wurzeln eingelagert, vielen bekannt durch das Reiben zum Beispiel an Salbeiblättern oder Rosmarinnadeln. Mit ihrer komplexen chemischen Zusammensetzung und ihren teils über Hunderten von Einzelbestandteilen haben sie ganz vielfältige Eigenschaften. So wirken sie zum Beispiel entzündungshemmend, antiseptisch, antiviral, antibakteriell, antimikrobiell, immunstimulierend, schmerzlindernd, tonisierend oder sedierend. Ihre Heilkraft beruht auf ihrer komplexen Zusammensetzung und dem synergetischen Zusammenspiel ihrer Bestandteile. Vermeintlich unbedeutende und kleine Anteile sind dabei zum Beispiel (Zell-)»Türöffner« für andere hochwirksame Bestandteile, die ohne Türöffner nicht an ihren Wirkort gelangen würden. Daher ist es auch nicht möglich, ätherische Öle in ihrer Ganzheit, Komplexität und Wirkung chemisch nachzubilden. Bei ihrer

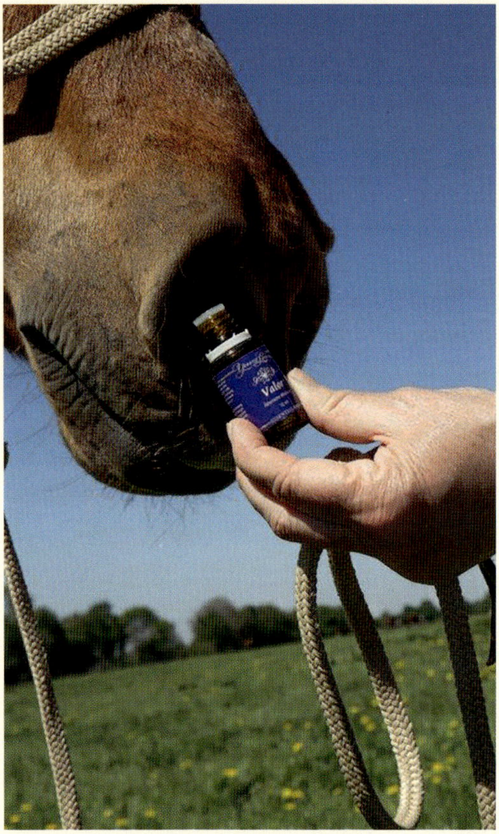

Aufnahme der Duftstoffe über die Nase.

Gewinnung müssen mit größter Sorgfalt und Kenntnis gearbeitet werden, um alle Bestandteile aus den Pflanzen herauslösen zu können. Ist dies gelungen, steckt in jedem Tropfen eines hochwertigen Öls die Kraft vieler einzelner Pflanzen.

Die Grundlagen der Aromatherapie sind Tausende von Jahren alt und bereits damals wurde erkannt, dass ätherische Öle auf physischer, mentaler und emotionaler Ebene wirken. Durch ihre sehr kleine Struktur auf molekularer Ebene werden sie sehr gut vom Körper aufgenommen. Beim Einatmen über die Schleimhäute und die Lunge in den Blutkreislauf und von dort in die Zellen und den gesamten Organismus. Beim Auftragen auf das Fell und die Haut über das darunterliegende Gewebe in den Blutkreislauf. Über die Nase ungefiltert direkt ins limbische System, das emotionale Kontrollzentrum des Gehirns. Zum limbischen System gehört u.a. auch der Hypothalamus, der das vegetative Nervensystem (Atmung, Verdauung, Herzschlag und Stoffwechsel) steuert und an der Regulation der Hormonausschüttung beteiligt ist. Gerüche haben also direkten und unmittelbaren Einfluss auf das physische und psychische Befinden. So kennen viele die sofortige, nicht steuerbare Assoziation eines (positiven oder negativen) Gefühls bei einem bestimmten Geruch, weil damit eine Erfahrung und eine Emotion abgespeichert ist.

Die Vitaflex® Technik

Die Vitaflex® Technik ist der Überlieferung nach eine ursprünglich tibetanische Heilmethode und bedeutet auch »Vitalität durch Reflexe«. Sie wurde in den 1960er-Jahren von Stanley Burroughs in den Westen gebracht. Durch manuell ausgeführte, abrollende Druck-Drehbewegung mit den Fingern über die Fingerspitzen wird Energie im Körper freigesetzt und aktiviert. In den 1970er-Jahren gelang den New Yorker Wissenschaftlern Shamos und Lavine der Nachweis, dass nicht nur Kristalle, sondern auch weiche menschliche Gewebearten wie Haut, Bindegewebe und Knorpel piezoelektrische Eigenschaften haben. Diese Eigenschaft bedeutet, dass sich die elektrische Polarisation in einem »Fest«-körper bei der elastischen Verformung (also unter Druck oder Zug) ändert und damit eine elektrische Spannung entsteht. Das Nervensystem durchzieht den gesamten Körper und hat die Aufgabe, Informationen zu verarbeiten und durch den Körper zu leiten. Diese Informationsübertragung und Reizweiterleitung erfolgt in Form von elektrischen Impulsen. Die Vitaflex® hat also starken Einfluss auf diese Reizerfassung und -übertragung.

Ich stelle mir das immer so vor, als würden durch die Vitaflex® die Kommunikationskanäle im Körper frei geputzt, stimuliert und gestärkt. Außerdem verbessern

Bieten Sie Ihrem Pferd das Öl zum Riechen an.

sich mit ihr natürlich die Körperwahrnehmung und das Körpergefühl, und das teilweise erheblich.

Der Ursprung der von Gary Young gelehrten leichten Streichbewegungen, den »Feather Strokes« (Federstrichen) oder auch Effleurage (Streichung) genannt, ist nicht ganz sicher. Inspiriert haben ihn Erfahrungen bei den Lakota-Indianern, die diese Art verwendeten, um die Ausbreitung von Energie im Körper zu beschleunigen. An sich selbst ausprobiert spürt man bei diesen leichten Federstrichen ein elektrisierendes Gefühl, ein Bitzeln, welches sich schnell durch den Körper verteilt. Bei Pferden kommt es dabei auch noch zu einem doppelten Effekt. Die Streichbewegungen werden gegen

Vitaflex® im Bereich des Kronsaums.

Feather Strokes auf dem Rücken.

die Fellrichtung ausgeführt. Das klingt zunächst einmal irritierend. Zumindest ist es mir zu Beginn so gegangen, fühlte sich dann in der Praxis jedoch sehr schlüssig an. Durch das Aufstellen der Haare während der leichten Bewegung kommt es zu einer Bewegung in der Haarwurzel und damit vermutlich auch dort wieder zu einer Aktivierung des piezoelektrischen Effekts.

Bei dem großen Pferdefreund und -liebhaber Gary war es natürlich nur eine Frage der Zeit bis er begann, die Raindrop Technique® auch bei Pferden anzuwenden. Gemeinsam mit einer befreundeten Tierärztin übertrug er die Behandlungsmethode mit einigen Anpassungen aufgrund der unterschiedlichen Anatomie. Im Gegensatz zu der Raindrop Technique® für Menschen gibt es keine enge Vorgabe bei der Anwendung für Pferde und in der Zwischenzeit haben einige Tierärzte und Therapeuten ihre eigene Variation der Technik entwickelt. Auch ich habe, aufgrund meiner langjährigen Erfahrung in der Anwendung und meines osteopathischen Hintergrundes, einzelne Handgriffe modifiziert bzw. hinzugefügt, um noch tiefgreifender zu wirken und den Bedürfnissen der Pferde noch gerechter zu werden.

Die Anwendung

Bei der klassischen Raindrop-Anwendung werden insgesamt 9 ätherische Öle auf Atlas, Schultern, ISG-Region, Hufballen, Kornsaum, Hinterbeine und den Rücken verteilt und eingearbeitet. Klassisch heißt in dem Zusammenhang die von Gary Young entwickelte ursprüngliche Version mit Valor, Thymian, Oregano, Basilikum, Zypresse, Wintergrün, Pfefferminze, Aroma Siez und Majoran. Valor und Aroma Siez sind dabei Ölmischungen, die Gary Young selbst entwickelt hat. Er war ein Meister darin, spezielle Mischungen für bestimmte körperliche und emotionale Themen zu kreieren. Die klassische Version unterstützt den gesamten Körper mit allen Organfunktionen und ist geprägt von ihrer Ausrichtung, um

- die Selbstheilungskräfte zu aktivieren,
- den Informationsfluss im Körper zu verbessern,

- das Immunsystem zu stärken,
- die Atmung zu unterstützen,
- die Durchblutung und den Lymphfluss zu steigern,
- den Entgiftungsprozess anzuregen,
- strukturelle Verspannungen zu lösen,
- den Stütz- und Bewegungsapparat zu stärken,
- Schmerzen zu lindern und Stress abzubauen,
- emotionale Spannungen zu lösen
- und das allgemeine Wohlbefinden zu steigern

Die Öle der Raindrop Technique®.

Auftragen des Öls auf die Schultern.

Schritt 1: Energieausgleich und »Ankommen«

Begonnen wird mit einer Kontaktaufnahme und einem ersten Energieausgleich und »Ankommen«. Zunächst wird dafür Valor oder alternativ Zedernholz auf Atlas, Schultern und die Kreuzbeinregion aufgetragen.

Danach lasse ich Valor oder Zedernholz auf die Hufballen an jedem Huf tropfen und verreibe es sanft mit einem Finger. Anschließend lege ich eine Hand auf den Widerrist und die andere auf die Kreuzbeinhöcker, spüre mich in das Pferd hinein und lasse Energie fließen.

Schritt 2: Kronsaum

Die Öle Oregano und Thymian werden einzeln in die Hände getropft, nacheinander im Bereich Kronsaum und Krongelenk aufgetragen und mittels Vitaflex® eingearbeitet. Das mache ich rundherum an allen vier Hufen. Ich beginne gerne vorne rechts und gehe dann rundherum.

Schritt 3: Hinterhand

An der Hinterhand werden die Öle Basilikum, Zypresse, Wintergrün und Pfefferminze nacheinander von Sprunggelenk bis Kronsaum aufgetragen. Dabei achte ich darauf, dass sich die Öle möglichst gleichmäßig von oben nach unten verteilen. Nachdem alle Öle aufgetragen sind, arbeite ich sie mit der Vitaflex® ein. Manche Pferde reagieren hier zu Beginn etwas empfindlich und ziehen die Beine hoch. Es hilft, wenn man zunächst die Innenbeine mit der flachen Hand abstreicht, um sie auf die Berührung vorzubereiten. Mit der Vitaflex® beginnt man sanft und sehr häufig genießen die Pferde dann auch mehr und mehr kräftigere Impulse.

Schritt 4: Rücken

Auf dem Rücken werden nacheinander die Öle Ore-

Valor oder Zedernholz werden auf die Hufballen aufgetragen.

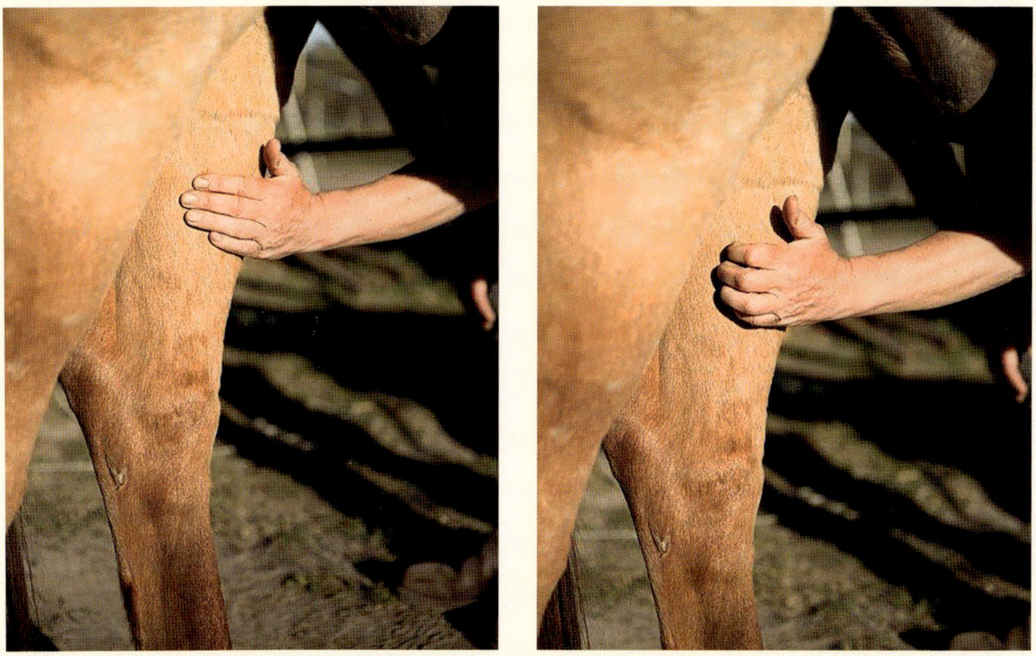

Vitaflex® an der Innenseite der Hinterhand.

Raindrops.

gano, Thymian, Basilikum, Zypresse, Wintergrün und Pfefferminze aufgetragen. Wichtig ist hierbei, dass die Öle Oregano und Thymian zu den sogenannten ›heißen‹ Ölen zählen. Sie wirken sehr stark durchblutungsanregend und können zu Hautreizungen führen. Daher verwendet man diese Öle von Anfang an mit einem Trägeröl vermischt oder gibt gleich nach dem Auftropfen und Einarbeiten ein fettes, neutrales Öl auf und reibt dieses gut bis auf die Haut ein. Als Trägeröl verwende ich am liebsten ein gutes Bio-Olivenöl.

Die einzelnen Öle werden aus einer Höhe von ca. 10–20 cm beginnend vom Kreuzbein Richtung Widerrist auf den Rücken getropft. Daher kommt auch der Name Raindrop, weil die Öle wie Regentropfen auf den Körper fallen. Manche Pferde reagieren empfindlich, wenn die Tropfen aus großer Höhe auf den Rücken tropfen. In dem Fall gehe ich dann mit der Flasche wieder hinunter, näher ans Fell. Ziel ist mir natürlich immer, jeglichen Stress oder Unbehagen zu vermeiden und dann passt man die Form einfach den Begebenheiten an.

Die Öle werden auf bzw. neben der Wirbelsäule aufgetropft und in kleinen Zirkeln ins Fell eingerieben. Nach jedem Öl kommen nun die leichten Federstriche mit der Rückseite der Finger zum Einsatz, abwechselnd mal gerade und mal palmförmig. In beiden Fällen beginnend am Kreuzbein Richtung Widerrist (bzw. Rippen und Schultern) und entgegen der Fellrichtung. Die Fingerspitzen berühren das Fell nur leicht und werden locker in gleichmäßigen Bewegungen nach vorne geführt.

Im Winter ersetze ich das Pfefferminz-Öl auf dem Rücken gerne zum Beispiel gegen Copaiba. Pfefferminze intensiviert zwar alle vorher aufgetragenen Öle, wirkt aber u.a. auch kühlend und kann daher im Winter unangenehm sein.

Nach diesen 4 Ölen werden noch Majoran und Aroma Siez nacheinander aufgetropft und leicht verrieben. Aroma Siez kommt besonders in der gesamten Kreuzbeinregion zum Einsatz, Majoran auf und neben der Wirbelsäule. Abschließend werden nach geraden und

Palmförmige Feather Strokes.

palmförmigen Federstrichen noch einmal drei gerade durchgängige Federstriche von Kreuzbein bis Widerrist geführt.

Nach dem Einsatz aller Öle werden gezielte manuelle Griff- und Bewegungstechniken angewandt, um das Gewebe weiter zu lösen. Viele Pferde reagieren empfindlich im Rücken und dabei auch noch sehr unterschiedlich auf diese Griffe, teils auch mit Anspannung. Im Laufe der Jahre habe ich daher das Repertoire verfeinert und zusätzlich erweitert, um den individuellen Bedürfnissen durch größere Auswahl noch differenzierter begegnen zu können. So ist mal der eine und mal der andere Griff passender und wirkungsvoller. Natürlich tun die Öle allein schon ihre wunderbaren Dienste und wirken sehr tief, aber in vielen Fällen ist die manuelle Einwirkung und Bewegung der Weg zur finalen Lösung.

Schritt 5:

Zum Abschluss sind mir noch zwei Schritte wichtig, um die ich meine Raindrop-Behandlung ergänzt habe. Weil

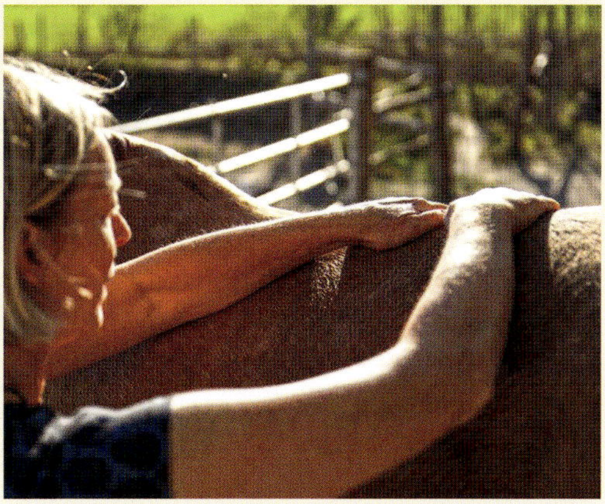

Manuelles Vertiefen in der Rückenpartie.

Pferde häufig durch das Reiten und/oder zu wenig Bewegung im Allgemeinen und in natürlicher Fresshaltung (langsame Vorwärtsbewegung während des Grasens) einen überstrapazierten Rücken haben, und wir auch jetzt viel am Rücken gearbeitet haben, möchte ich diesen gerne entlasten und für das Pferd in eine verbesserte Wahrnehmung bringen. Das Gewebe hat sich

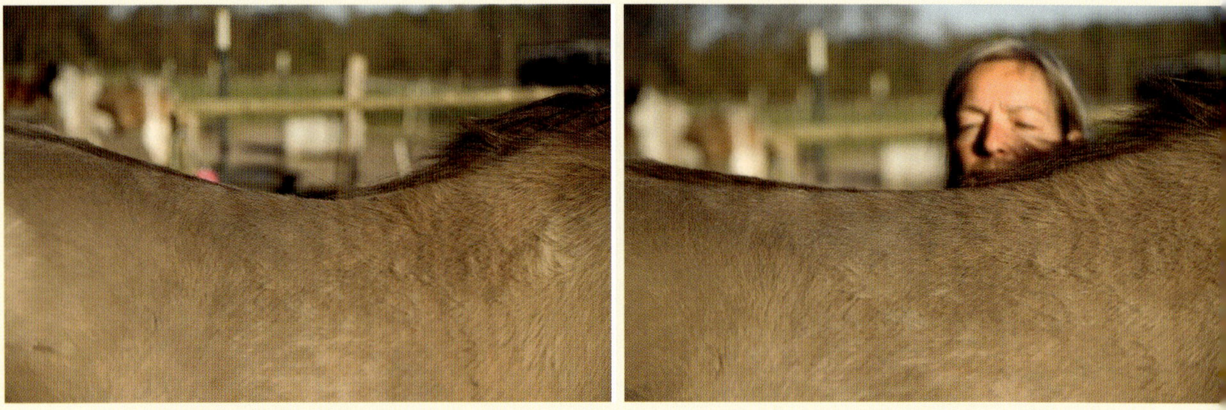

Sanftes Aufwölben des Rückens.

durch die Öle und die manuellen Techniken bereits gelöst und ein Mehr an Bewegung ist möglich geworden. Durch dosierte Aktivierung der Bauchmuskulatur und sanftes Aufwölben des Rückens entspannt sich die Rückenmuskulatur und die Oberlinie dehnt sich.
Durch kontrollierte Schweiftraktion bringe ich die Wirbelsäule in eine sanfte Dehnung und so Entlastung und Dekompression in die kleinen Wirbelgelenke. Damit kann sich die Elastizität und Mobilität der Wirbelsäule erhöhen und der angeschobene Stoffwechselprozess wird noch weiter gefördert.

Neben der klassischen Raindrop Technique® mit den genannten Ölen kann man die Anwendung vielseitig variieren. Man kann einer Raindrop ein besonderes Thema geben und zum Beispiel Öle speziell für die Atmung auswählen, ein bestimmtes emotionales Thema aussuchen, besonders sanfte Öle für eine Wellness-Behandlung oder auch Öle vom Pferd auswählen lassen.
Gerne verwende ich auch einzelne Elemente der Raindrop Technique® wie zum Beispiel Oregano und Thymian mit der Vitaflex® am Kronsaum, um das Immunsystem anzukurbeln. Die Anwendung an den Hinterbeinen setze ich ein, um das Körperbewusstsein zu steigern, die Hinterhand zu aktivieren, den Lymphfluss anzuregen oder der Tendenz zu Gallen und geschwollenen Fesselgelenken entgegenzuwirken. Eine Mischung aus Oregano, Eukalyptus, Copaiba und Olivenöl tropfe und verreibe ich auf dem Rücken, um die Atmung zu unterstützen.

Darauf sollte man achten: Grundsätzlich gibt es ein paar einfache, aber wichtige Verhaltensregeln. Wenn man diese berücksichtigt, kann man sich und den Pferden ein wunderschönes, entspannendes Erlebnis schenken.
Selbstverständlich sorgt man für eine entspannte Arbeitsatmosphäre an einem ruhigen, witterungsgeschützten Ort ohne regen »Durchgangsverkehr«. Bei mir stehen die Pferde entweder nicht angebunden oder mit Bewegungsspielraum und ich sorge für meine Sicherheit und ausreichend Platz. Ich habe immer eine Flasche neutrales Öl (zum Beispiel Bio-Olivenöl) zur Hand. Bei sensiblen Reaktionen, häufig auf »heiße« Öle, oder auch wenn die Menge individuell zu viel wird, kann man so schnell die Intensität reduzieren und neutralisieren. Man kann die Öle auch von Anfang an auf dem Rücken mit etwas Olivenöl vermischt auftragen.

Nach der Anwendung gebe ich den Pferden Zeit und Raum, um sich zu entspannen. Das kann eine Box, ein

Kontrollierte sanfte Schweiftraktion.

für mehrere Tage der Gang unters Solarium. Die Öle wirken wie gesagt u.a. stark durchblutungs- und stoffwechselanregend, daher auch bitte vor und nach der Anwendung keine weitere Anregung (wie Magnetfelddecke, Kirschkernkissen, Wärmflasche etc.).

Dort, wo die Öle auf dem Rücken aufgetropft wurden, stellen sich die Haare auf. Das legt sich in der Regel nach 1–2 Tagen wieder. So lange werden die Pferde nicht geritten. Besonders für Boxenpferde ist am Folgetag lockeres Bewegen an der Hand oder ein Spaziergang wohltuend. Weidepferde können auch gerne einen Tag frei haben.

Paddock oder auch die Weide sein. Wichtig ist, dass das Pferd sich nach seinen Bedürfnissen richten kann. Eine Herde, in der es dirigiert wird, ist daher kein geeigneter Platz. Dann lieber ein paar Stunden separat stellen, in jedem Fall natürlich mit Heu und Wasser.
Auch hier gibt es Unterschiede. Manche Pferde ruhen, legen sich sogar hin, manche beginnen gleich zu fressen, und ich habe auch schon so manches Pferd lustvoll buckelnd auf die Weide entlassen.

Pralle Sonne im Hochsommer sollte für ein paar Stunden nach der Anwendung vermieden werden und

Ich gebe prinzipiell keine Raindrop bei tragenden Stuten. Ätherische Öle regen unter anderem den Entgiftungsprozess an und einige, wie zum Beispiel Oregano, wirken Wehen anregend (das bitte auch als Anwenderin beachten). Bei Pferden mit Allergien, Hautproblemen oder erhöhter Empfindlichkeit beschränkt man sich erst einmal auf kleine Teilbereiche, zum Beispiel Ballen und Kronsaum, und wählt dann einzelne angepasste Öle aus. Lavendel und Copaiba sind zum Beispiel sanfte Öle und sehr hautverträglich. Bei akuter Krankheit oder Medikamentation sollte natürlich vorab der Tierarzt befragt werden.

Aufgestellte Fellhaare nach der Raindrop-Behandlung.

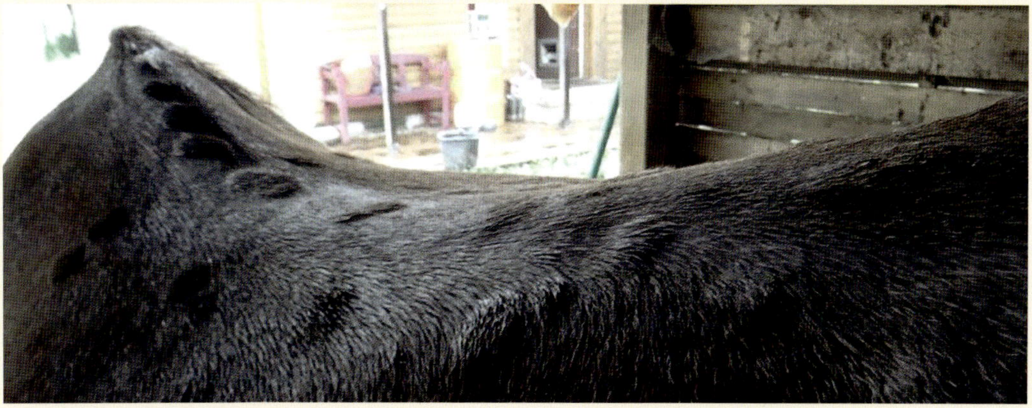

Wie schon erwähnt, sind die ätherischen Öle in der Pflanze aufgrund ihrer Komplexität so wirkungsvoll. Daher ist es auch unabdingbar, bei der Auswahl der Öle auf eine hochwertige Qualität zu achten. Es gibt naturreine oder reine ätherische Öle, die allein aus der benannten Stammpflanze gewonnen werden. Natürliche Öle bestehen zwar aus natürlichen, pflanzlichen Inhaltsstoffen, enthalten jedoch auch Teile anderer Pflanzen. Sie sind also, meist aus Kostengründen, gestreckt. Synthetische oder naturidentische Öle werden teils oder vollständig im Labor chemisch nachgestellt, sind meist wirkungslos und können sogar schädlich sein. Für die Anwendung am Pferd (und Menschen) kommen also immer nur reine ätherische Öle in Frage.

Meine Raindrop Technique®-Anwendung dauert ca. 50–60 Minuten, dann sind die Pferde in der Regel energetisch und physisch »satt«. Die Öle können noch bis zu einer Woche im Körper nachwirken.

Beispiele aus der Praxis

Die Ergebnisse nach einer Raindrop-Massage sind immer wieder überraschend. In der Regel zeigen die Pferde eine allgemeine Verbesserung oder tiefgreifende, nachhaltige Entspannung. Nicht selten kommt es zu deutlichen oder gar gravierenden Veränderungen, wie ein paar Beispiele aus der Praxis zeigen.

Dacoda, ein Hannoveraner-Wallach mit Problemen bei der Herdenintegration

Dacoda, ein 12jähriger Wallach, hatte offensichtlich Schwierigkeiten, sich in der Herde zu integrieren. Er stand häufig weit abseits, zeigte sich unfreundlich und abweisend zu anderen Pferden und hatte Probleme, an die Heuraufe zu kommen. Er hielt mindestens 1,5 Pferdelängen Abstand zu den Pferden an der Raufe und wenn andere Pferde an ihm vorbeiliefen, schnappte er nach ihnen. Er hatte einen traurigen Gesichtsausdruck und baute körperlich und emotional immer weiter ab. Zu Beginn hatte er noch Freude an der Arbeit, aber auch dort zunehmend Motivations- und (natürlich) Energieprobleme. Seine Besitzerin und ich besprachen uns und ich führte einmalig eine klassische Raindrop-Massage mit den Standard-Ölen durch. Zu meiner großen Freude änderte sich sein Verhalten sehr schnell und nachhaltig. Nach wenigen Tagen sah ich Dacoda schon deutlich näher an der Raufe stehen und mit langem Hals fressen. Nach einer Woche stand er mit sieben anderen Wallachen gemeinsam an der Raufe, ohne irgendwelche Anzeichen von Angst, Unruhe oder Unmut. Sein Zustand besserte sich stetig und bereits nach wenigen Wochen hatte er sich auch körperlich vollständig erholt.

Eddy, der Stallschreck

Vor einigen Jahren hatten wir in einem meiner Kurse ein Endmaß-Pony in der Behandlung. Eddy war im direkten Umgang etwas missmutig und berührungsempfindlich. Er war im Stall gefürchtet. Jedes Mal wenn jemand an seiner Box vorbeiging, kam er mit dem Kopf aus dem Fenster geschossen und versuchte, den Passanten zu beißen. Während des Kurses wurde eine klassische Raindrop durchgeführt und die Stallbetreiber und Besitzer berichteten mir später, dass sich sein Verhalten seither komplett gelegt hatte. Eddy zeigte keinerlei aggressiven Anzeichen mehr und alle konnten wieder entspannt an der Box vorüberlaufen.

Gina, das neue Pferd im Springtraining

Gina, eine 9jährige sportliche Hannoveraner-Stute, bekam eine klassische Raindrop-Massage zur Unterstützung ihres Gesamtsystems und als ›Wellness-Behandlung‹. Sie hatte laut ihrer Besitzerin keine konkreten Baustellen und ihr äußeres Erscheinen zeigte ein gut trainiertes, ausbalanciertes Pferd. Wie immer empfahl ich einen Tag Ruhe bzw. nur lockeres Bewegen vom Boden nach der Behandlung. Bei der nächsten Trainingseinheit im Springunterricht fragte die Trainerin überrascht, ob die Besitzerin ein neues Pferd habe. Gina zeigte sich deutlich durchlässiger und geschmeidiger in

ihren Bewegungen und lief mit frischem Elan und mehr Dynamik. Seither genießt Gina in regelmäßigen Abständen eine Raindrop.

Um (Selbst-)Sicherheit in der Raindrop Technique®-Anwendung zu erlangen, empfiehlt es sich ein Seminar zu besuchen, in dem neben der Technik sowohl wichtige Kenntnisse zu den ätherischen Ölen als auch die unterschiedlichen Reaktionen der Pferde auf die Öle und auf die manuellen Techniken vermittelt werden.

Für mich ist es von großer Wichtigkeit, immer sanft, respektvoll und in Zwiesprache mit dem Pferd zu arbeiten. Nie sollte es nur darum gehen, einfach ein Programm abzuspulen oder bestimmte vorgeformte Prozessschritte und Bewegungen umzusetzen. Dann ist die Raindrop Technique® eine zutiefst befriedigende Arbeit und nicht nur für die Pferde ein großer Gewinn. Auch ich als Raindrop-Anwenderin bin durch den Kontakt mit den Ölen über Atmung, Geruchssinn und Hände Teil des Prozesses mit allen Potentialen und erlebe durch das enge miteinander eine tiefe Verbundenheit mit dem Pferd.
Die Anwendung der Raindrop Technique® hinterlässt in mir jedes Mal tiefe Glücksgefühle, Zufriedenheit und große Freude und ich wünsche ganz vielen Menschen dieses wunderbare Erlebnis.

Fotos: Janine Stegmann, Nicole Stamm

Die EMMET-Technik

Besonders interessant ist auch die in Deutschland bisher wenig bekannte EMMETT-Technik, eine sanfte Muskelentspannungs- und Faszien-Technik, bei der leichter Druck auf spezifischen Emmett-Punkten ausgeführt wird. Das körperliche Gleichgewicht wird dabei ebenfalls günstig beeinflusst.

Die in eigenen Behandlungen mit dieser Methode erzielten Ergebnisse waren äußerst beeindruckend. Die Pferde signalisierten erhebliche Entspannung, die in einigen Fällen sogar mehrere Tage anhielt. Allerdings bedarf es dazu einer entsprechenden Ausbildung.

Für interessierte Pferdebesitzer gibt es, auch ohne Vorkenntnisse der Tiermedizin, Möglichkeiten, wichtige Griffe und deren Grundzüge in einem Kurs zu erlernen.

Aus der Akupressur-/Akupunktur-Lehre ist ein besonderer Punkt hervorzuheben: Der YIN TANG-Punkt.

Dieser Punkt befindet sich fast auf Höhe der Pferdeaugen genau in der Mitte zwischen beiden Augen.

Bei nervösen, ängstlichen oder anders abgelenkten Pferden lohnt es sich immer, diesen Punkt als Akupressur-Punkt mit geringem Druck zu bearbeiten.

Auch vor einer Massage-Behandlung kann das sinnvoll sein. Wir können aus Erfahrung sagen, dass viele Pferde dabei zur Ruhe kommen und man dann mit der eigentlichen Behandlung starten kann. Voraussetzung ist aber unbedingt, dass Sie als ›Behandler‹ selber ruhig und ausgeglichen sind. Wenn Sie diese Methode anwenden und selber unter Zeitdruck, gestresst oder völlig abgelenkt sind, werden Sie nichts bewirken.

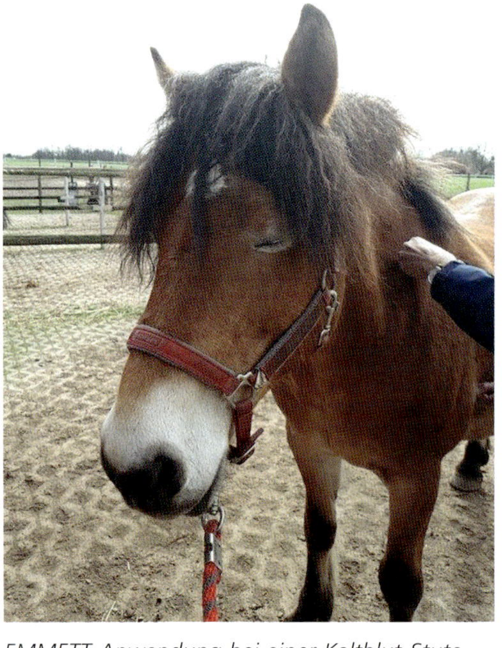

EMMETT-Anwendung bei einer Kaltblut-Stute. Entspannung pur.

Der YIN TANG-Punkt zwischen den Augen.

Akupunkt-Massage (APM) nach Penzel am Pferd

Eine weitere Möglichkeit, energetisch an seinem Pferd zu arbeiten, ist die APM nach Penzel.

Diese Methode der **APM** wurde von seinem Begründer, dem Masseur und med. Bademeister **Willy Penzel** aus dem kleinen Ort Heyen bei Bodenwerder um 1950 entwickelt. Seine Theorie lautet: Krankheit entsteht durch Störung des Energieflusses in den Meridianen. Da er kein Mediziner war, war es für ihn nicht möglich, Akupunktur im klassischen Sinn mit Nadeln auszuüben. So kam er auf den Gedanken, statt Nadeln ein Massagestäbchen über den Verlauf der jeweilig betroffenen Meridiane zu führen, um so einen gestörten Energiefluss wieder herzustellen. So einfach es zunächst erscheint, derart zu arbeiten, so vielfältig sind die Möglichkeiten, wenn die sanfte Mobilisation des Bewegungsapparates in die Therapie mit einbezogen wird.

Im Grunde genommen ist der Begriff Massage auch nicht ganz zutreffend. Zumindest wird nicht im Sinne unserer in diesem Buch vorgestellten Techniken gearbeitet. Trotzdem erscheint es uns sehr wichtig, auf diese Möglichkeit, mit seinem Pferd zu arbeiten, hinzuweisen.

Penzels Techniken und Methoden waren zunächst nur für Menschen entwickelt worden.

Etwa ab 1994 hat dann der Reitlehrer und Bereiter FN **Dieter Mahlstedt** damit begonnen, **die Theorien und Techniken von Penzel auf Pferde zu übertragen**. So wurden die ersten APM-Therapeuten nach Penzel am Pferd zunächst nur in Essneux/Belgien, dann später auch in Deutschland und Österreich ausgebildet. Claus Teslau hat D. Mahlstedt noch bei einem der ersten Kurse in Belgien und später in Bad Fallingbostel

Demonstration bei einem APM-Kurs.

bei weiteren Fortbildungen kennen und schätzen gelernt. Sicher ist es nicht möglich, sich diese Methode nur anhand von Literatur anzueignen. Andererseits ergeben sich für den engagierten Pferdefreund erstaunliche Möglichkeiten, nach entsprechender Ausbildung seinem Pferd vorbeugend zu helfen.

Heute können interessierte Reiter und Pferdetherapeuten in Heyen (Niedersachsen) und an anderen Orten in Deutschland und Österreich die APM am Pferd in einzelnen aufeinander aufbauenden Kursen erlernen. Wer mehr dazu wissen möchte, erhält umfangreiche Informationen unter: www.apm-penzel.de

Für diejenigen, die sich schon mal vorab informieren möchten, ist das Buch von Ingrid Uta Krause, ›Praxishandbuch zur APM am Pferd‹, zu empfehlen. Ingrid Uta Krause war Co-Autorin und Assistentin von Dieter Mahlstedt und Lehrbeauftragte an der Penzel-Akademie.

Der Blick auf die Meridian-Tafel erscheint zunächst verwirrend. Wenn man sich aber nach und nach damit beschäftigt, ist das Ganze zusammen mit den angebotenen Kursen gar nicht so schwierig, wie zuerst angenommen.

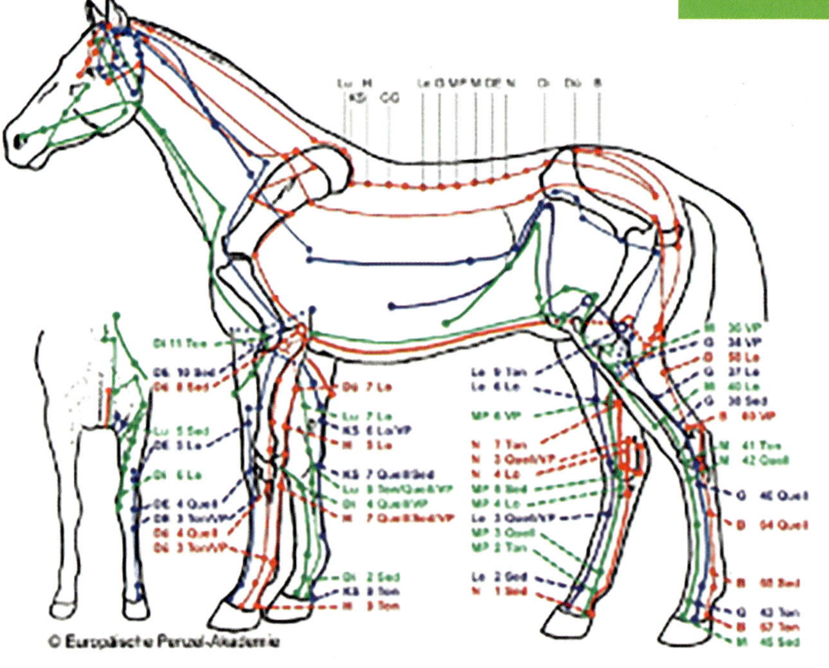

Nützliche Adressen

Claus Teslau, Birkenpilzweg 87, D-484832 Rheine
www.teslau.de · info@teslau.de
Facebook: Claus Teslau und Teslau.de

Oliver Dörpinghaus, Prenzlauer Allee 199,
D-10405 Berlin, o.doerpinghaus@gmx.de
Facebook und Instagram: Physio for horses

Nadine Rusinek, Am steinernen Kreuz,
D-49525 Lengerich, Thermografie und Solekammer
www.horsetherm-ru.de

Babette Teschen, Birkenweg 4b, D-21365 Adendorf,
Longenkurse · www.wege-zum-pferd.de

Stefanie Heidacher, Kufsteinerstr. 16,
D-83088 Kiefersfelden · www.emmett-therapy.com

Nicole Stamm, Kottmeierstr. 7, D-21614 Buxtehude
Raindrop Technique® · www.nicole-stamm.de

Akupunktmassage nach Penzel (APM),
Willy-Penzel-Platz 1-8, D-37619 Heyen/Bodenwerder
www.apm-penzel.de

Klaus Knipping GmbH, Paul-Gerhard-Str. 7,
D-58762 · Altena BLUE MAGIC Magnetfeldroller
www.k-knipping-shop.de

Ein Wort zum Schluss

Liebe Pferdefreunde, liebe Leserinnen und Leser,

es gibt auf dem Gebiet der Pferdemassage und Pferdewellness sicherlich noch unzählige andere Therapieformen und Anwendungen. Mit diesem Buch haben wir Euch die aus unserer Sicht wichtigen, interessanten und sinnvollen Methoden vorgestellt, überwiegend aus der eigenen jahrelangen Erfahrung oder aber aus intensiven und überzeugenden Gesprächen mit anderen Therapeuten und Ihren Fachgebieten.
Wir hoffen, bei Euch den richtigen Nerv getroffen zu haben und wünschen Euch bei der Anwendung der vorgestellten Methoden und den damit verbundenen Möglichkeiten ganz viel Freude und Erfolg sowie Erleichterung und Wohlbefinden bei Euren 4-beinigen Freunden.

Obwohl es in diesem Buch ausschließlich um unsere Pferde geht, möchten wir doch mit den Worten des früheren Moderators und Pferdefachmannes Hans Heinrich Isenbart schließen, mit denen er sich aus jeder Pferdesportübertragung verabschiedete »... und vergessen Sie die Pferde nicht.«
Olli und Claus

Zu unseren Themen Pferdemassage, Stresspunktmassage nach Jack Meagher, Dry Needling und Raindrop Technique gibt es Veranstaltungsangebote zur Weiterbildung für alle Interessenten und Pferdetherapeuten. Mehr dazu unter: www.teslau.de oder schreiben Sie eine Mail an info@teslau.de

Die Autoren

Claus Teslau

THP, Pferdephysiotherapeut und Trainer Fahren.

Claus Teslau ist seit 1986 als Tierheilpraktiker tätig. Im Jahr 2000 ließ er sich zum DIPO-Pferdephysiotherapeuten ausbilden. Er ist mittlerweile über 15 Jahre am DIPO und anderen Schulen als Dozent für verschiedene Themen tätig. Sein Schwerpunkt liegt bei der Stresspunktmassage nach Jack Meagher, aber auch Physikalische Therapien, Schüssler-Salze und Bach-Blüten-Anwendungen gehören zu seinen Fachgebieten.

Der größte Erfolg in seiner pferdesportlichen Laufbahn war 2011 der Titel Vizechampion beim Moritzburger-Fahrponychampionat (früher Bundeschampionat) mit seinem selber gezogenen und ausgebildeten Deutschen Reitpony ›Na Sowas‹ (Bild links).

Oliver Dörpinghaus ist in jungen Jahren aktiv geritten und war dabei hauptsächlich im Springsport unterwegs. In einem großen Springstall sammelte er vor allem umfangreiche Erfahrungen beim Anreiten und der Weiterentwicklung junger Pferde. Nach erfolgter theoretischer Ausbildung an der Akademie für Tierheilkunde (ATM) und nachfolgender praktischer Arbeit an Pferden assistiert er seit 2017 seinem Vater Claus Teslau. Er ist seit 2019 als Dozent bei verschiedenen Fachfortbildungen und Workshops für Pferdetherapeuten an mehreren Standorten tätig.

PHYSIO FOR HORSES

Pferde gesund erhalten

Diese Massagetechnik wurde speziell für Sport- und Freizeitpferde entwickelt. Ziel ist es, muskuläre Verspannungen zu finden und mit manueller Massage zu beseitigen. Das Buch erläutert Haupteinsatzgebiete, nennt Möglichkeiten und Behandlungstechniken. Für mehr Beweglichkeit und Wohlbefinden.
144 Seiten, 186 Bilder, 34 Strichzeichnungen
Format: 170 x 240 mm
ISBN 978-3-275-01968-7
€ 19,95 / € (A) 20,60

Von den Ursprüngen und der Herkunft des Kinesiologischen Tapings, über die Wirkung, bis hin zu detaillierten Beschreibungen verschiedener Anlagetechniken wird dem Leser diese Therapieform nähergebracht.
144 Seiten, 182 Bilder
ISBN 978-3-275-02066-9
€ 19,95 / € (A) 20,60

Methoden zur Diagnostik und erfolgreichen Therapie von Atemwegserkrankungen. Dazu gibt es viele praktische Tipps für Haltungsveränderungen und zur Gesunderhaltung. Denn: Freier atmen bedeutet mehr Lebensqualität.
160 Seiten, 154 Bilder
Format: 170 x 240 mm
ISBN 978-3-275-02134-5
€ 19,95 / € (A) 20,60

Wie bleibt mein Pferd gesund und fit? Wie unterstütze ich es mit Hausmitteln in jeder Jahreszeit und mit welchen naturheilkundlichen Therapien helfe ich ihm im Krankheitsfall? Zudem jede Menge Tipps zu Pflege, Stall und Weide.
160 Seiten, 155 Bilder
Format: 170 x 240 mm
ISBN 978-3-275-02191-8
€ 19,95 / € (A) 20,60

Änderungen in Preis und Lieferfähigkeit vorbehalten

Überall, wo es Bücher gibt, oder unter
WWW.MUELLER-RUESCHLIKON.DE
Service-Hotline: 0711/78 99 21 51

Müller Rüschlikon

PFERDE SIND UNSERE LEIDENSCHAFT
6 | JUNI 2020
BESSER GALOPPIEREN: Coaching für schiefen Haflinger
7 | JULI 2020
CAVALLO
Hilfe bei Arthrose
Neue Behandlung für schmerzende Gelenke
S. 84
WENIG ZEIT?
Trainings-Ideen für 10, 20, 30 Minuten
DOC-DOLMETSCHER
Was der Tierarzt sagt – und meint
HALTUNG
Rundställe zum Wohlfühlen
ZECKEN ENTFERNEN
Welche Zangen sind ideal?
INTERVIEW
Richard Hinrichs – Leben für Pferde
Das macht uns SPASS
Gute-Laune-Tipps mit Motivations-Kick S. 14
2 Monate GRATIS testen!